Mitteilungen

über

Forschungsarbeiten

auf dem Gebiete des Ingenieurwesens

insbesondere aus den Laboratorien
der technischen Hochschulen

herausgegeben vom

Verein deutscher Ingenieure.

Heft 142.

Springer-Verlag Berlin Heidelberg GmbH 1913

ISBN 978-3-662-42678-4   ISBN 978-3-662-42955-6 (eBook)
DOI 10.1007/978-3-662-42955-6

Inhalt.

Seite

Vereinheitlichung der Schraubengewinde. Denkschrift, erstattet im Auftrage des Vereines deutscher Ingenieure, des Vereines deutscher Maschinenbauanstalten, des Vereines deutscher Werkzeugmaschinenfabriken und des Vereines deutscher Schiffswerften von Prof. Dr.-Ing. G. Schlesinger . 1

Inhalt

Vereinheitlichung der Schraubengewinde.

Denkschrift,

erstattet im Auftrage des Vereines deutscher Ingenieure, des Vereines deutscher Maschinenbauanstalten, des Vereines deutscher Werkzeugmaschinenfabriken und des Vereines deutscher Schiffswerften

von Prof. Dr.-Ing. **G. Schlesinger.**

Vorwort.

Am 17. Januar 1912 tagten Vertreter
   des Vereines deutscher Ingenieure,
   »   »   »   Maschinenbauanstalten,
   »   »   »   Werkzeugmaschinenfabriken,
   »   »   »   Schiffswerften
im Hause des Vereines deutscher Ingenieure auf Anregung des Vereines deutscher Werkzeugmaschinenfabriken, um über die Frage der Durchführung eines Einheitsgewindes erneut zu beraten.

Da die Ansichten der versammelten Ingenieure über Vorzüge und Mängel der 3 in Deutschland am meisten verbreiteten Systeme:
   Whitworth-Gewinde,
   Löwenherz-Gewinde,
   System-International-Gewinde,
stark auseinandergingen, und da betont wurde, daß eine Vereinheitlichung ohne eine Mitarbeit des Auslandes, insbesondere von England und Amerika, unzweckmäßig sei, so übernahm es der Berichterstatter, eine Denkschrift auszuarbeiten, in der berichtet wurde:

A) über die im In- und Auslande gebräuchlichen Gewindesysteme, ihre Vorzüge und Mängel;

B) über die Verbreitung der verschiedenen Gewindesysteme in Deutschland und über die Stellungnahme der deutschen Hersteller und Verbraucher der Schrauben;

C) über die Ansichten der führenden Staatsinstitute des Auslandes betreffend die Möglichkeit einer internationalen Verständigung.

Der Berichterstatter hat versucht, seinen Auftrag in der Weise zu erledigen, daß er

zu A) kurz die Schraubensysteme nach theoretischem Aufbau und praktischer Verwendung verglich,

zu B) durch Verarbeitung einer von ihm in ganz Deutschland veranstalteten Umfrage die tatsächliche Verbreitung der Gewindesysteme feststellte,

zu C) die Antworten des Auslandes in ihrem wesentlichen Inhalt wiedergab.

Zwischen der ersten Tagung: 17. Januar 1912 und diesem Bericht: April 1913 liegen $1\frac{1}{4}$ Jahre. Diese lange Zeit ist dadurch zu erklären, daß die Beantwortung der an 380 deutsche Firmen versandten Fragebogen, der einzigen

Grundlage der Statistik, vom März 1912 bis Ende März 1913 gedauert hat. Geantwortet haben im ganzen 206 Firmen; davon haben sich 15 auf einen durch bestimmte Interessen begründeten ablehnenden Standpunkt gestellt und den Fragebogen unausgefüllt zurückgesandt, 7 haben erklärt, sich der Mehrheit unbedingt anschließen zu wollen. Die übrigen 184 haben zum Teil sehr ausführliche Antworten gegeben und sind mit den 7 grundsätzlich zustimmenden im Anhange mit Namen aufgeführt mit Ausnahme von 5 Firmen, die nicht genannt zu sein wünschten. Eine Durchsicht dieser Firmen zeigt, daß die Umfrage ganz Deutschland und alle wichtigen Zweige der deutschen Maschinenindustrie umfaßt, so daß das gesteckte Ziel, ein Bild der heutigen Sachlage zu schaffen, wohl als erreicht bezeichnet werden kann.

Die Sichtung der eingegangenen Unterlagen ist an Hand der gestellten Fragen nach folgenden Gruppen erfolgt:

1) Allgemeiner Maschinenbau (79 Firmen),
2) Werkzeugmaschinenbau (46),
3) Werften (8),
4) Lokomotiv- und Wagenfabriken (8),
5) Elektrotechnische Werke (15),
6) Feinmechaniker (9),
7) Schraubenfabrikanten (19).

Der Berichterstatter hat naturgemäß nur eine rein sachliche Darstellung bringen können und dürfen; die Entscheidung, welche Schritte nach der herbeigeführten Klärung nunmehr zu unternehmen sind, müssen erneuten Tagungen der interessierten Fachwelt überlassen bleiben.

Charlottenburg, im April 1913.　　　　　　　　　　　　　　Schlesinger.

Bericht.

A) Die Verwendungsgebiete von Gewinden.

Man unterscheidet allgemein:

1) Befestigungsgewinde,
2) Dichtungsgewinde,
3) Verstellgewinde,
4) Meßgewinde.

Befestigungsgewinde stellen den normalen, weitaus am meisten vorkommenden Fall vor. Schrauben und Muttern werden hier zur festen Verbindung zweier Körper unter voller Ausnutzung der **Festigkeitseigenschaften** der Schraubenelemente benutzt.

Dichtungsgewinde dienen hauptsächlich zum Verschluß von Gefäßen, Rohren, Armaturen usw., in denen sich Gase oder Flüssigkeiten unter Druck befinden. Das Hauptgewicht muß also hier auf das sorgfältige Passen der Gewinde **in der Flanke und im Grunde** gelegt werden, wenn man nicht auf einen Abschlußbund am Schraubenende oder auf zusätzliche Dichtungsmittel rechnen darf.

Verstellgewinde dienen zum Einstellen von Maschinenteilen wie Mikroskopen, Stativen, Schiebern, Supporten, Ventilen usw. Sie müssen besonders gut passen und lange Lebensdauer trotz häufiger Verstellung besitzen.

Meßgewinde werden an Mikrometerschrauben usw. benutzt. Der Schwerpunkt liegt hier in der absoluten Genauigkeit der Steigung unter Vermeidung von totem Gang.

Auf das eigentliche Gewindeprofil, insbesondere also auf den Gewindewinkel und die Abflachungen oder Abrundungen hat der verschiedenartige Verwendungszweck kaum einen Einfluß. Bei guter Herstellung sind alle Gewindeprofile wohl gleich gut für alle Zwecke brauchbar. Ein tiefer geschnittenes Gewinde von 47° 30′ (British Association, Abb. 10) oder 53° 8′ (Loewenherz, Abb. 6) mag für die Feinmechanik zwar gewisse Vorteile haben, es wird aber dieser Grund durch den Hinweis auf das Mechaniker-Gewinde (S. & H., Zahlentafel 4) der deutschen Post- und Telegraphenverwaltung hinfällig, bei dem die Gewindewinkel von 47° bis 68° schwanken, also z. T. stumpfer sind als der 60°-Winkel anderer besser durchdachter Systeme.

Dagegen hat das Verhältnis der Steigung zum Durchmesser auf den Verwendungszweck erheblichen Einfluß. Die Steigung muß für Dichtung, hohe Belastung (Pleuelstangenschrauben usw.), Verstellung und Messung feiner werden als für die einfache Befestigung.

Die nachfolgenden theoretischen Betrachtungen werden daher über diese beiden Hauptgesichtspunkte Aufschluß geben. Für die Entscheidung über die Wahl eines Systems spielt naturgemäß der zweite Punkt: Verhältnis der Steigung zum Durchmesser, eine ganz untergeordnete Rolle; denn darüber wird eine Einigung in allen Fällen leicht erzielbar sein.

Die konstruktiv-theoretischen Unterschiede der gebräuchlichen Gewindesysteme.

Bei allen Systemen wird angegeben:
a) Profil (Winkel, Abstumpfung, Abrundung),
b) Abstufung nach Durchmesser und Ganghöhe,
c) Maß des Durchmessers.

1) Deutschland.

a) Whitworth-Gewinde,
b) S. J.-Gewinde,
c) Löwenherz-Gewinde,
d) Mechaniker-Normal-Gewinde (Siemens-Reinecker, Reichspost).

Abb. 1 zeigt das Profil des Original-Whitworth-Gewindes für den Maschinenbau. Gewindewinkel $\alpha = 55°$; gleichmäßige Abrundung am Kopf und Fuß mit Halbmesser $r = 0{,}13733\ s$ (Ganghöhe); Gewindetiefe $t = 0{,}64033\ s$. Die im Jahre 1908 vom englischen Engineering Standards Committee herausgegebene Zahlentafel 1 enthält alle wichtigen Abmessungen des »British Stan-

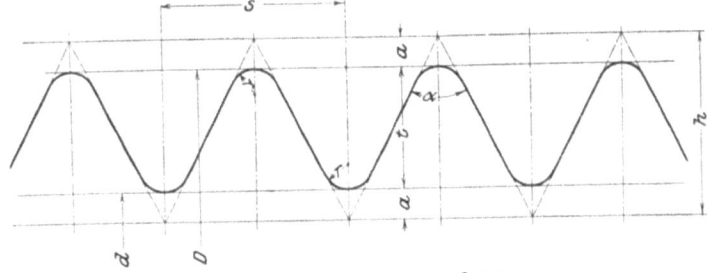

Nach »The Engineering Standards Committee« 1908 ist
$\angle \alpha = 55°,\ r = 0{,}137329\ s,\ t = 0{,}640327\ s,$
daraus folgt: $h = 0{,}960491\ s,\ t = {}^2/_3\ h,\ a = {}^1/_6\ h = 1{,}60082\ s.$

Abb. 1. British Standard Whitworth Screw Threads (B. S. W.).

dard Whitworth Screw Thread« (B. S. W.). Die mit * versehenen Größen sollen nach Möglichkeit nicht verwendet werden; sie sind nur aufgenommen, um Willkürlichkeiten vorzubeugen.

Zahlentafel 1.
British Standard Whitworth Screw Threads (B. S. W.).

1	2	3	4	5	6
Bolzendurchmesser Zoll	Zahl der Gänge für 1 Zoll	Ganghöhe Zoll	Gewindetiefe Zoll	Flankenmaß Zoll	Kerndurchmesser Zoll
1/4 (0,25)	20	0,0500	0,0320	0,2180	0,1860
5/16 (0,3125)	18	0,0556	0,0356	0,2769	0,2414
3/8 (0,375)	16	0,0625	0,0400	0,3350	0,2950
7/16 (0,4375)	14	0,0714	0,0457	0,3918	0,3460
1/2 (0,5)	12	0,0833	0,0534	0,4466	0,3933
9/16 (0,5625)	12	0,0833	0,0534	0,5091	0,4558
5/8 (0,625)	11	0,0909	0,0582	0,5668	0,5086
11/16 (0,6875)	11	0,0909	0,0582	0,6293	0,5711
3/4 (0,75)	10	0,1000	0,0640	0,6860	0,6219
13/16 (0,8125)	10	0,1000	0,0640	0,7485	0,6844
7/8 (0,875)	9	0,1111	0,0711	0,8039	0,7327
*15/16 (0,9375)	9	0,1111	0,0711	0,8664	0,7952
1	8	0,1250	0,0800	0,9200	0,8399
1 1/8 (1,125)	7	0,1429	0,0915	1,0335	0,9420
1 1/4 (1,25)	7	0,1429	0,0915	1,1585	1,0670
1 3/8 (1,375)	6	0,1667	0,1067	1,2683	1,1616
1 1/2 (1,5)	6	0,1667	0,1067	1,3933	1,2866
1 5/8 (1,625)	5	0,2000	0,1281	1,4969	1,3689
1 3/4 (1,75)	5	0,2000	0,1281	1,6219	1,4939
*1 7/8 (1,875)	4,5	0,2222	0,1423	1,7327	1,5904
2	4,5	0,2222	0,1423	1,8577	1,7154
*2 1/8 (2,125)	4,5	0,2222	0,1423	1,9827	1,8404
2 1/4 (2,25)	4	0,2500	0,1601	2,0899	1,9298
*2 3/8 (2,375)	4	0,2500	0,1601	2,2149	2,0548
2 1/2 (2,5)	4	0,2500	0,1601	2,3399	2,1798
*2 5/8 (2,625)	4	0,2500	0,1601	2,4649	2,3048
2 3/4 (2,75)	3,5	0,2857	0,1830	2,5670	2,3841
*2 7/8 (2,875)	3,5	0,2857	0,1830	2,6920	2,5091
3	3,5	0,2857	0,1830	2,8170	2,6341
*3 1/8 (3,125)	3,5	0,2857	0,1830	2,9420	2,7591
3 1/4 (3,25)	3,25	0,3077	0,1970	3,0530	2,8560
*3 3/8 (3,375)	3,25	0,3077	0,1970	3,1780	2,9810
3 1/2 (3,5)	3,25	0,3077	0,1970	3,3030	3,1060
*3 5/8 (3,625)	3,25	0,3077	0,1970	3,4280	3,2310
3 3/4 (3,75)	3	0,3333	0,2134	3,5366	3,3231
*3 7/8 (3,875)	3	0,3333	0,2134	3,6616	3,4481
4	3	0,3333	0,2134	3,7866	3,5731
*4 1/8 (4,125)	3	0,3333	0,2134	3,9116	3,6981
*4 1/4 (4,25)	2,875	0,3478	0,2227	4,0273	3,8046
*4 3/8 (4,375)	2,875	0,3478	0,2227	4,1523	3,9296
4 1/2 (4,5)	2,875	0,3478	0,2227	4,2773	4,0546
*4 5/8 (4,625)	2,875	0,3478	0,2227	4,4023	4,1796
*4 3/4 (4,75)	2,75	0,3636	0,2328	4,5172	4,2843
*4 7/8 (4,875)	2,75	0,3636	0,2328	4,6422	4,4093
5	2,75	0,3636	0,2328	4,7672	4,5343
*5 1/8 (5,125)	2,75	0,3636	0,2328	4,8922	4,6593
*5 1/4 (5,25)	2,625	0,3810	0,2439	5,0061	4,7621
*5 3/8 (5,375)	2,625	0,3810	0,2439	5,1311	4,8871
5 1/2 (5,5)	2,625	0,3810	0,2439	5,2561	5,0121
*5 5/8 (5,625)	2,625	0,3810	0,2439	5,3811	5,1371
*5 3/4 (5,75)	2,5	0,4000	0,2561	5,4939	5,2377
*5 7/8 (5,875)	2,5	0,4000	0,2561	5,6189	5,3627
6	2,5	0,4000	0,2561	5,7439	5,4877

* Das Engineering Standards Committee empfiehlt, die mit * versehenen Stärken nicht zum allgemeinen Gebrauch zu verwenden.

Abb. 2 zeigt als Schaulinie die Abstufung der Ganghöhen zum Durchmesser. Das Maß des Durchmessers ist der englische Zoll und seine Bruchteile.

Abb. 3 und 4 zeigen das Profil des S. J.-Gewindes in den 3 vom Züricher Kongreß (1898) freigestellten Ausführungsformen.

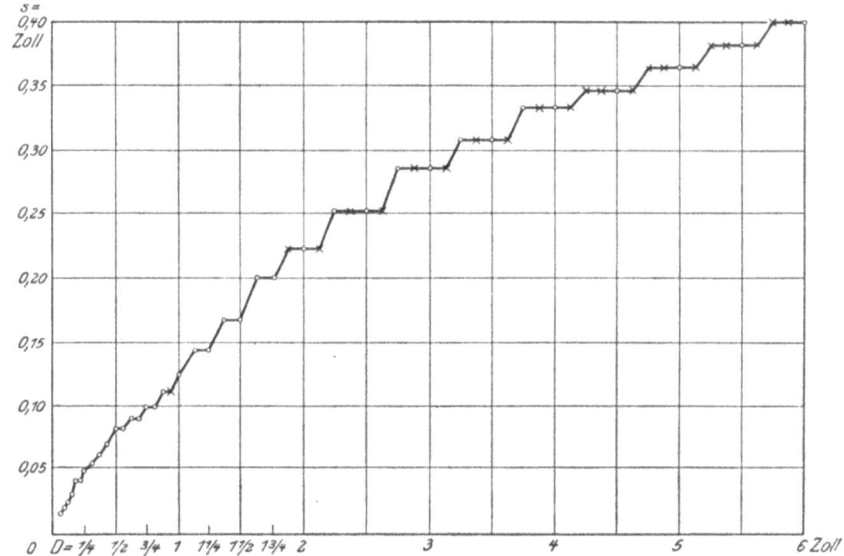

Die Werte unter ¹/₄ Zoll sind nicht tabellarisch. Das Engineering Standards Committee empfiehlt, die angekreuzten Stärken nicht zum allgemeinen Gebrauch zu verwenden.

Abb. 2. Whitworth.

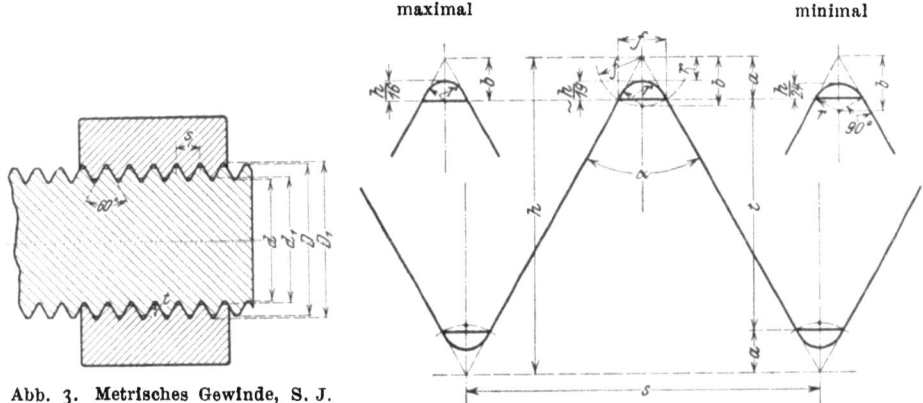

Abb. 3. Metrisches Gewinde, S. J.

Nach dem »Protokoll des internationalen Kongresses zur Vereinheitlichung der Gewinde, Zürich 3. u. 4. Okt. 1898« S. 39 ist $\measuredangle \alpha = 60°$, $a = 1/8$ der Höhe des grundliegenden Dreieckes; daraus folgt: $h = 0{,}8660254\,s$, $t = 0{,}75\,h = 0{,}64951905\,s$, $f = 0{,}19245\,t = 0{,}125\,s$, $a = 0{,}1082532\,s$.

Abrundung: 1) normal $r = 0{,}5\,f = 0{,}0625\,s$, $b = f = 2\,r$,
2) max. $r = 0{,}5\,a = 0{,}0541266\,s$, $b = a = 2\,r$,
3) min. $r = 0{,}57735\,f = 0{,}07217\,s$, $b = 2\,r$.

Abb. 4.

Der Gewindewinkel α ist 60°, die Grundform somit ein gleichseitiges Dreieck. Mutter- und Bolzengewinde sind außen scharf abgeflacht, innen abgerundet. Zwischen Bolzenkopf und Muttergrund bleibt ein Spielraum, der zwischen $r_{max} = \dfrac{h}{16}$ und $r_{min} = \dfrac{h}{24}$ schwanken darf. Die Gangtiefe t ohne Spielraum er-

Zahlentafel 2. S. J.-Gewinde.
Nach dem »Protokoll des Internationalen Kongresses zur Vereinheitlichung der Gewinde, Zürich, 3. und 4. Oktober 1898« S. 39.

Durchmesser D mm	Steigung s mm	Durchmesser D mm	Steigung s mm	Durchmesser D mm	Steigung s mm
6	1	20	2,5	48	5
7	1	22	2,5	52	5
8	1,25	24	3	56	5,5
9	1,25	27	3	60	5,5
10	1,5	30	3,5	64	6
11	1,5	33	3,5	68	6
12	1,75	36	4	72	6,5
14	2	39	4	76	6,5
16	2	42	4,5	80	7
18	2,5	45	4,5		

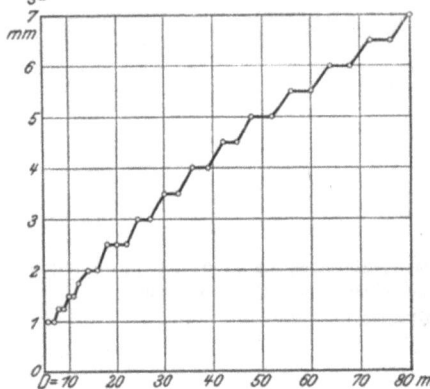

Abb. 5. S. J.
Die Werte unter 6 mm sind nicht tabellarisch.

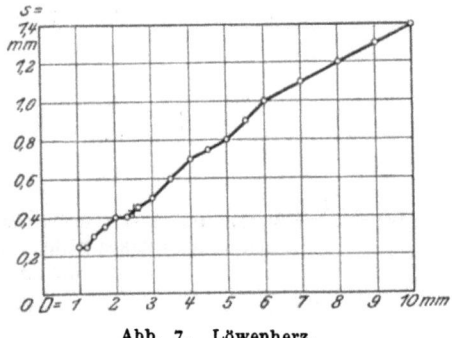

Abb. 7. Löwenherz.

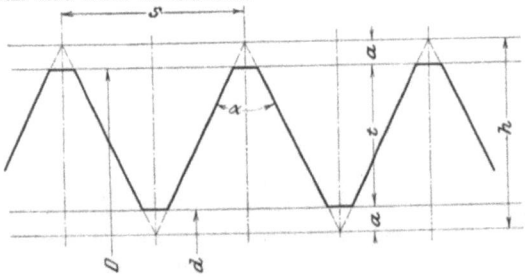

Nach den Bestimmungen für die Prüfung und Beglaubigung von Schrauben (Mitteilung aus der Physikalisch-Technischen Reichsanstalt 1894 S. 4) ist
$\alpha = 53^0\,8'$, $a = {}^1/_8\,s$, $h = s$, daraus folgt: $t = {}^3/_4\,s$.
Abb. 6. Löwenherz-Gewinde.

gibt sich aus der Ganghöhe s mit $t = {}^{12}/_{16}\,s\,\cos 30^0 = 0{,}6495\,s$. Die wirkliche Gangtiefe mit Einrechnung des Spielraumes kann daher höchstens $t_1 = {}^{13}/_{16}\,s\,\cos 30^0 = 0{,}704\,s$ betragen.

Zahlentafel 2 gibt die Durchmesserabstufungen und Ganghöhen; Abb. 5 die zugehörige Schaulinie. Das Maß des Durchmessers ist der volle Millimeter.

Abb. 6 zeigt das Profil des Löwenherz-Gewindes.

Der Gewindewinkel α ist $53^0 8'$; die Grundform das in ein Quadrat eingeschriebene gleichseitige Dreieck, dessen Spitze auf der Mitte der Quadratseite liegt.

Kopf und Fuß sind bei Mutter und Bolzen mit $^1/_8$ der Ganghöhe innen und außen gleichmäßig abgeflacht. Die Gangtiefe t ergibt sich somit aus der Ganghöhe h mit $t = {}^3/_4\,h$.

Zahlentafel 3 gibt die Durchmesserabstufungen und Ganghöhen; Abb. 7 die zugehörige Schaulinie. Das Maß des Durchmessers ist das Millimeter und seine Zehntel.

Zahlentafel 4 zeigt das Mechaniker-Normal-Gewinde oder Siemens & Halske- (S. & H.) Gewinde. Eine einheitliche Gewindeform besteht nicht, von einer Wiedergabe der verschiedenen Profilformen und der Abstufungsverhältnisse wird daher abgesehen. Die Durchmesser sind meist gebrochene Millimeter.

Zahlentafel 3. Löwenherz-Gewinde.
Nach »Bestimmungen für die Prüfung und Beglaubigung von Schrauben«, Mitteilungen aus der Physikalisch-Technischen Reichsanstalt.

1	2	3	1	2	3
Durchmesser mm	Ganghöhe mm	Kernstärke mm	Durchmesser mm	Ganghöhe mm	Kernstärke mm
1	0,25	0,625	4,0	0,7	2,95
1,2	0,25	0,825	4,5	0,75	3,375
1,4	0,3	0,95	5,0	0,8	3,8
1,7	0,35	1,175	5,5	0,9	4,15
2,0	0,4	1,4	6	1,0	4,5
2,3	0,4	1,7	7	1,1	5,35
2,6	0,45	1,925	8	1,2	6,2
3,0	0,5	2,25	9	1,3	7,05
3,5	0,6	2,6	10	1,4	7,9

Zahlentafel 4. Mechaniker-Normalgewinde (S. & H.-Gewinde), von der Firma J. E. Reinecker in Chemnitz hergestellt.

Nr. des Gewindes	Durchmesser in mm		Steigung mm	Gangzahl auf 1″ engl. bezw. 25,40 mm	Gangtiefe mm	Kantenwinkel °
	außen	Kern				
11	8,955	7,05	1,21	20⁵⁄₆	0,90	50
14	7,20	5,75	1,05	24¹⁄₂	0,725	58
17	6,00	4,68	0,89	28¹⁄₃	0,66	55
18	5,75	4,51	0,78	32¹⁄₂	0,62	48
21	5,12	4,05	0,78	32¹⁄₂	0,535	58
25	4,00	3,2	0,66	38	0,40	61
27	3,37	2,6	0,66	38	0,385	68
29	2,80	2,24	0,53	47¹⁄₂	0,28	66
31	2,16	1,65	0,49	51	0,255	68
33	1,78	1,40	0,34	73¹⁄₃	0,255	59
34	1,63	1,30	0,30	84	0,165	55
36	1,22	0,98	0,22	112⁹⁄₂₆	0,12	50

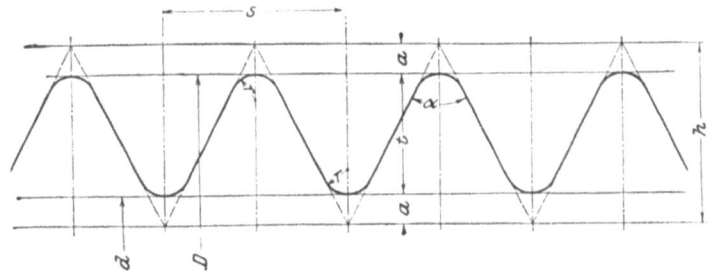

Nach »The Engineering Standards Committee« 1908 ist
$$a = 55^0, \quad r = 0{,}137329\,s, \quad t = 0{,}640327\,s,$$
daraus folgt: $\quad b = 0{,}960491\,s, \quad t = {}^2/_3\,h, \quad a = {}^1/_6\,b = 0{,}160082\,s.$

Abb. 8. British Standard Fine Screw Threads (B. S. F.).

Zahlentafel 5.
British Standard Fine Screw Threads (B. S. F).

1	2	3	4	5	6
Bolzendurchmesser Zoll	Zahl der Gänge für 1 Zoll	Ganghöhe Zoll	Gewindetiefe Zoll	Flankenmaß Zoll	Kern- durchmesser Zoll
1/4 (0,25)	25	0,0400	0,0256	0,2244	0,1988
(0,270)	25	0,0400	0,0256	0,2244	0,2188
5/16 (0,3125)	22	0,0455	0,0291	0,2834	0,2543
3/8 (0,375)	20	0,0500	0,0320	0,3430	0,3110
7/16 (0,4375)	18	0,0556	0,0356	0,4019	0,3664
1/2 (0,5)	16	0,0625	0,0400	0,4600	0,4200
9/16 (0,5625)	16	0,0625	0,0400	0,5225	0,4825
5/8 (0,625)	14	0,0714	0,0457	0,5793	0,5335
11/16 (0,6875)	14	0,0714	0,0457	0,6418	0,5960
3/4 (0,75)	12	0,0833	0,0534	0,6966	0,6433
13/16 (0,8125)	12	0,0833	0,0534	0,7591	0,7058
7/8 (0,875)	11	0,0909	0,0582	0,8168	0,7586
*15/16 (0,9375)	11	0,0909	0,0582	0,8793	0,8211
1	10	0,1000	0,0640	0,9360	0,8719
1 1/8 (1,125)	9	0,1111	0,0711	1,0539	0,9827
1 1/4 (1,25)	9	0,1111	0,0711	1,1789	1,1077
1 3/8 (1,375)	8	0,1250	0,0800	1,2950	1,2149
1 1/2 (1,5)	8	0,1250	0,0800	1,4200	1,3399
1 5/8 (1,625)	8	0,1250	0,0800	1,5450	1,4649
1 3/4 (1,75)	7	0,1429	0,0915	1,6585	1,5670
*1 7/8 (1,875)	7	0,1429	0,0915	1,7835	1,6920
2	7	0,1429	0,0915	1,9085	1,8170
*2 1/8 (2,125)	7	0,1429	0,0915	2,0335	1,9420
2 1/4 (2,25)	6	0,1667	0,1067	2,1433	2,0366
*2 3/8 (2,375)	6	0,1667	0,1067	2,2683	2,1616
2 1/2 (2,5)	6	0,1667	0,1067	2,3933	2,2866
*2 5/8 (2,625)	6	0,1667	0,1067	2,5183	2,4116
2 3/4 (2,75)	6	0,1667	0,1067	2,6433	2,5366
*2 7/8 (2,875)	6	0,1667	0,1067	2,7683	2,6616
3	5	0,2000	0,1281	2,8719	2,7439
*3 1/8 (3,125)	5	0,2000	0,1281	2,9969	2,8689
3 1/4 (3,25)	5	0,2000	0,1281	3,1219	2,9939
*3 3/8 (3,375)	5	0,2000	0,1281	3,2469	3,1189
3 1/2 (3,5)	4,5	0,2222	0,1423	3,3577	3,2154
*3 5/8 (3,625)	4,5	0,2222	0,1423	3,4827	3,3404
3 3/4 (3,75)	4,5	0,2222	0,1423	3,6077	3,4654
*3 7/8 (3,875)	4,5	0,2222	0,1423	3,7327	3,5904
4	4,5	0,2222	0,1423	3,8577	3,7154
*4 1/8 (4,125)	4,5	0,2222	0,1423	3,9827	3,8404
*4 1/4 (4,25)	4	0,2500	0,1601	4,0899	3,9298
*4 3/8 (4,375)	4	0,2500	0,1601	4,2149	4,0548
4 1/2 (4,5)	4	0,2500	0,1601	4,3399	4,1798
*4 5/8 (4,625)	4	0,2500	0,1601	4,4649	4,3048
*4 3/4 (4,75)	4	0,2500	0,1601	4,5899	4,4298
*4 7/8 (4,875)	4	0,2500	0,1601	4,7149	4,5548
5	4	0,2500	0,1601	4,8399	4,6798
*5 1/8 (5,125)	4	0,2500	0,1601	4,9649	4,8048
*5 1/4 (5,25)	3,5	0,2857	0,1830	5,0670	4,8841
*5 3/8 (5,375)	3,5	0,2857	0,1830	5,1920	5,0091
5 1/2 (5,5)	3,5	0,2857	0,1830	5,3170	5,1341
*5 5/8 (5,625)	3,5	0,2857	0,1830	5,4420	5,2591
*5 3/4 (5,75)	3,5	0,2857	0,1830	5,5670	5,3841
*5 7/8 (5,875)	3,5	0,2857	0,1830	5,6920	5,5091
6	3,5	0,2857	0,1830	5,8170	5,6341

* Das Engineering Standards Committee empfiehlt, die mit * versehenen Stärken nicht zum allgemeinen Gebrauch zu verwenden.

2) England.

a) British-Standard Whitworth Screw Threads (B. S. W.),
b) British-Standard Fine Screw Threads (B. S. F.),
c) British Association Screw Threads (B. A.).

Das B. S. W.-Gewinde stimmt mit dem in Deutschland gebräuchlichen Whitworth-Gewinde vollkommen überein, ist bereits oben beschrieben und in Abb. 1 und 2 dargestellt.

Das B. S. F.-Gewinde hat denselben Gewindewinkel α von 55° wie das Whitworth-Gewinde, Abb. 8, auch die Abrundungen sind die gleichen, dagegen zeigt die Zahlentafel 5 und die Schaulinie Abb. 9, daß die Ganghöhen bei gleichen Durchmessern erheblich feiner sind. Die Ganghöhen der Zahlentafel 5 von $1/4''$ bis $1''$ einschließlich sind berechnet nach der Formel $s = \dfrac{\sqrt[3]{d^2}}{10}$; $d =$ Bolzendurchmesser in Zollen. Die Ganghöhen über $1''$ bis $6''$ einschließlich beruhen auf der Berechnungsformel $s = \dfrac{\sqrt[8]{d^5}}{10}$. Alle Durchmesser sind in englischen Zollen und ihren Bruchteilen angegeben.

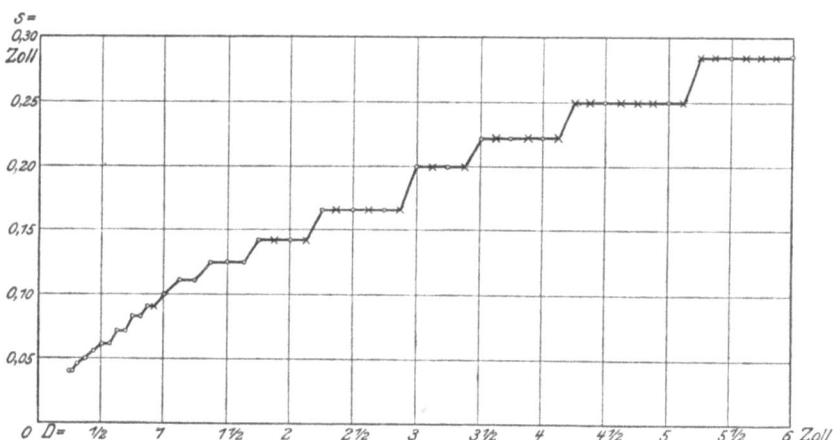

Das »Engineering Standards Committee« empfiehlt, die angekreuzten Stärken nicht zum allgemeinen Gebrauch zu verwenden.

Abb. 9. B. S. F.

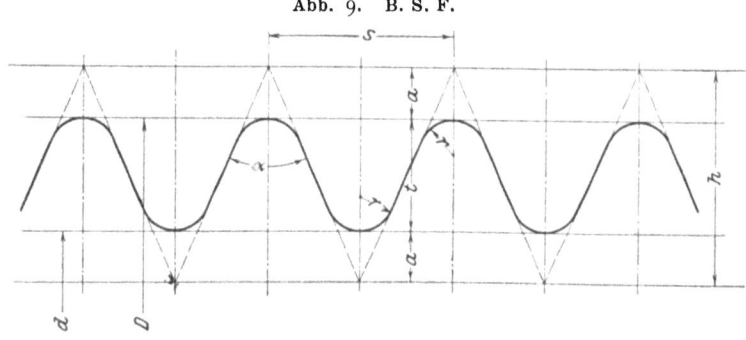

Nach »The Engineering Standards Committee« 1908 ist
$$\alpha = 47° \ 30', \quad r = \infty \ 2/11 \ s,$$
daraus folgt: $\quad h = \infty \ 1{,}14 \ s, \quad a = \infty \ 0{,}27 \ s, \quad t = \infty \ 0{,}60 \ s.$

Abb. 10. British Association Screw Threads (B. A.).

Das B. A.-Gewinde gilt für die Durchmesser unter $^1/_4''$, und zwar angefangen von 6 mm; es ist durchaus auf dem metrischen Maßsystem gegründet. Der Gewindewinkel α ist 47° 30', Abb. 10. Die Gewindegänge sind bei Bolzen und Mutter am Kopf und Fuß gleichmäßig mit einem Halbmesser von $r = {}^2/_{11}\, s$ abgerundet. Zahlentafel 6 und Schaulinie, Abb. 11, zeigen die Ab-

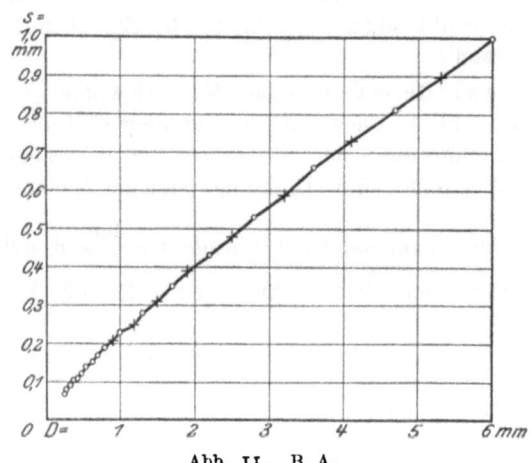

Abb. 11. B. A.

Zahlentafel 6.
British Association Screw Threads (B. A.).

1	2	3	4	5	6	7	8
Nr. des Gewindes	Bolzendurchmesser mm	ungefährer Bolzendurchmesser Zoll	Ganghöhe mm	ungefähre Ganghöhe Zoll	Gewindetiefe mm	Flankenmaß mm	Kerndurchmesser mm
0	6,0	0,236	1,0	0,0394	0,6	5,4	4,8
*1	5,3	0,209	0,9	0,0354	0,54	4,76	4,22
2	4,7	0,185	0,81	0,0319	0,485	4,215	3,73
*3	4,1	0,161	0,73	0,0287	0,44	3,66	3,22
4	3,6	0,142	0,66	0,0260	0,395	3,205	2,81
*5	3,2	0,126	0,59	0,0232	0,355	2,845	2,49
6	2,8	0,110	0,53	0,0209	0,32	2,48	2,16
*7	2,5	0,098	0,48	0,0189	0,29	2,21	1,92
8	2,2	0,087	0,43	0,0169	0,26	1,94	1,68
*9	1,9	0,075	0,39	0,0154	0,235	1,665	1,43
10	1,7	0,067	0,35	0,0138	0,21	1,49	1,28
*11	1,5	0,059	0,31	0,0122	0,185	1,315	1,13
12	1,3	0,051	0,28	0,0110	0,17	1,13	0,96
*13	1,2	0,047	0,25	0,0098	0,15	1,05	0,9
14	1,0	0,039	0,23	0,0091	0,14	0,86	0,72
*15	0,9	0,035	0,21	0,0083	0,125	0,775	0,65
16	0,79	0,031	0,19	0,0075	0,115	0,675	0,56
17	0,70	0,028	0,17	0,0067	0,10	0,6	0,50
18	0,62	0,024	0,15	0,0059	0,09	0,53	0,44
19	0,54	0,021	0,14	0,0055	0,085	0,455	0,37
20	0,48	0,019	0,12	0,0047	0,07	0,41	0,34
21	0,42	0,017	0,11	0,0043	0,065	0,355	0,29
22	0,37	0,015	0,10	0,0039	0,06	0,31	0,25
23	0,33	0,013	0,09	0,0035	0,055	0,275	0,22
24	0,29	0,011	0,08	0,0031	0,05	0,24	0,19
25	0,25	0,010	0,07	0,0028	0,04	0,21	0,17

* Das Engineering Standards Committee empfiehlt, die mit * versehenen Stärken nicht zum allgemeinen Gebrauch zu verwenden.

messungen und Abstufungsverhältnisse. Alle Abmessungen sind in Millimetern und ihren Bruchteilen angegeben.

3) Vereinigte Staaten von Amerika.

a) United-States-Standard-System (U. S. St.),
b) American Society of Mechanical-Engineers-System (A. S. M. E.),
c) Society of Automobile Engineers-System (S. A. E.).

Das U. S. St.-System, Abb. 12, ist auf dem Sellers-System aufgebaut. Das Gewindeprofil hat als gleichseitiges Dreieck einen Kantenwinkel α von 60°. Mutter und Bolzen sind innen und außen gleichmäßig abgeflacht; die Größe der Abflachung beträgt $1/8$ der Steigung. Die Gangtiefe ist somit $3/4\ s$. Zahlentafel 7 und Schaulinie, Abb. 13, zeigen die Abmessungen und Abstufungsverhältnisse.

Das A. S. M. E.-System, Abb. 14, hat das gleiche Gewindeprofil wie das U. S. St.-Gewinde, soweit Kantenwinkel und Abflachungen in Betracht kommen. Es soll für die kleineren Durchmesser — unter $1/2''$ — benutzt werden. Die Zahlentafel 8 zeigt die Abmessungen; von einem Schaubilde ist abgesehen worden.

Das S. A. E.-System hat erheblich feinere Steigungen zum Durchmesser und ist insbesondere für die Automobilindustrie entworfen worden. Seine all-

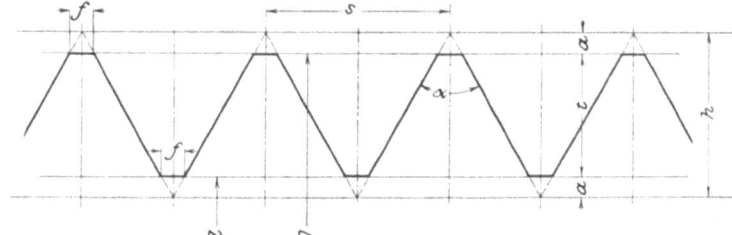

Nach »Journal of the Franklin Institute« 1864 S. 344 ff. ist
$$\alpha = 60°, \quad f = 1/8\ s,$$
daraus folgt: $\quad h = 0{,}8660254\ s, \quad t = 0{,}649519\ s, \quad a = 0{,}108253\ s.$

Abb. 12. United States Standard Screw Threads (U. S. St.).

Zahlentafel 7.
United States-Standard. Nach Journal Franklin Institute 1864 S. 349.

Bolzendurchmesser Zoll	Gänge auf 1 Zoll	Bolzendurchmesser Zoll	Gänge auf 1 Zoll	Bolzendurchmesser Zoll	Gänge auf 1 Zoll
$1/4$	20	[$1^1/_{16}$]	[8]	3	$3^1/_2$
$5/_{16}$	18	$1^1/_8$	7	$3^1/_4$	$3^1/_2$
$3/_8$	16	[$1^3/_{16}$]	[7]	$3^1/_2$	$3^1/_4$
$7/_{16}$	14	$1^1/_4$	7	$3^3/_4$	3
$1/_2$	13	$1^3/_8$	6	4	3
$9/_{16}$	12	$1^1/_2$	6	$4^1/_4$	$2^7/_8$
$5/_8$	11	$1^5/_8$	$5^1/_2$	$4^1/_2$	$2^3/_4$
*[$11/_{16}$]	[11]	$1^3/_4$	5	$4^3/_4$	$2^5/_8$
$3/_4$	10	$1^7/_8$	5	5	$2^1/_2$
[$13/_{16}$]	[10]	2	$4^1/_2$	$5^1/_4$	$2^1/_2$
$7/_8$	9	$2^1/_4$	$4^1/_2$	$5^1/_2$	$2^3/_8$
[$15/_{16}$]	[9]	$2^1/_2$	4	$5^3/_4$	$2^3/_8$
1	8	$2^3/_4$	4	6	$2^1/_4$

* Die eingeklammerten Werte [ ] sind den Machinerys Data Sheets vom März 1901 entnommen.

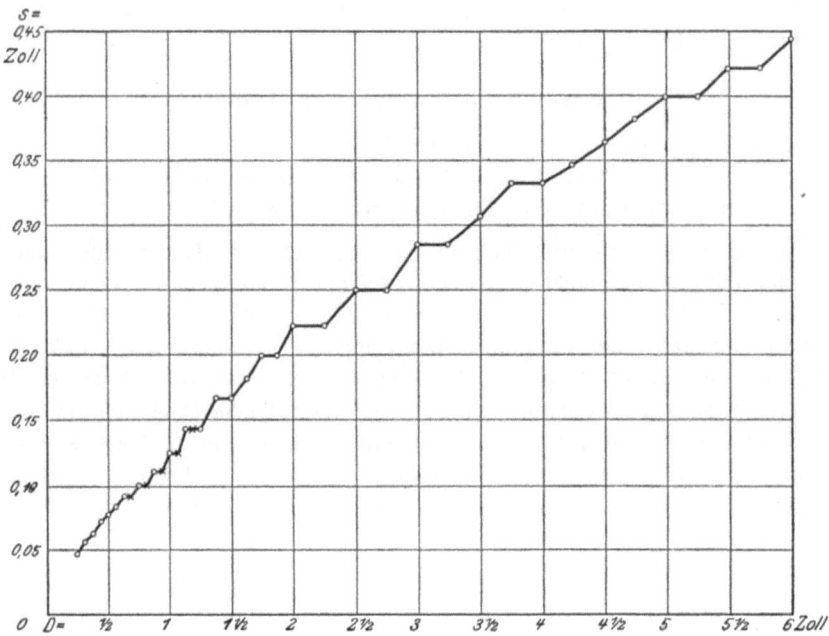

Die angekreuzten Werte sind nicht tabellarisch.
Abb. 13. U. S. St.

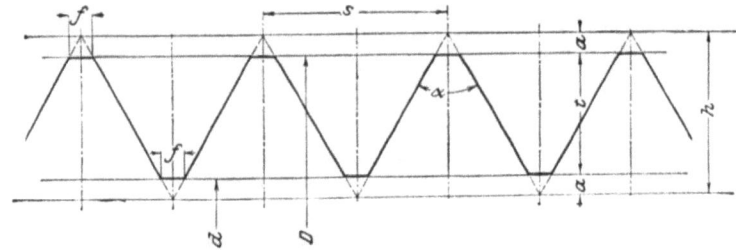

Nach »Journal of the Franklin Institute« 1864 S. 344 ff. ist
$$\alpha = 60^0, \quad f = {}^1/_8 s,$$
daraus folgt: $\quad h = 0{,}8660254 s, \quad t = 0{,}649519 s, \quad a = 0{,}108253 s.$

Abb. 14. American Society of Mechanical Engineers Standard Screw Threads (A. S. M. E.).

Zahlentafel 8.
Nach American Society of Mechanical Engineers Transaction 1907 S. 100.

D in Zoll	D in mm um-gerechnet	Gänge auf 1 Zoll	D in Zoll	D in mm um-gerechnet	Gänge auf 1 Zoll
0,060	1,524	80	0,216	5,486	28
0,073	1,854	72	0,242	6,147	24
0,086	2,184	64	0,268	6,807	22
0,099	2,515	56	0,294	7,467	20
0,112	2,845	48	0,320	8,128	20
0,125	3,175	44	0,346	8,788	18
0,138	3,505	40	0,372	9,449	16
0,151	3,835	36	0,398	10,109	16
0,164	4,166	36	0,424	10,769	14
0,177	4,496	32	0,450	11,430	14
0 190	4,826	30			

gemeine Einführung ist erst geplant; es ist daher nur der Vollständigkeit halber erwähnt worden.

In allen 3 Systemen werden die Durchmesser und Ganghöhen in englischen Zollen angegeben.

4) Frankreich.

Hier ist das S. J.-System (vergl. Deutschland 1 b), Abb. 3 bis 5, allein herrschend, jedoch werden statt der Abrundungen häufig Abflachungen verwendet, Abb. 15.

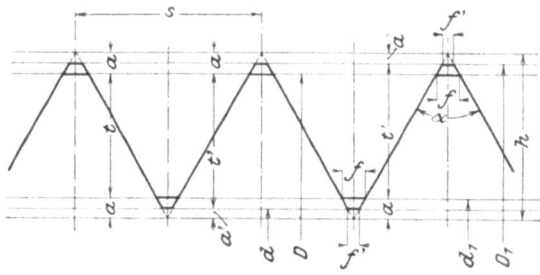

$a = 60^0$, $a = {}^1/_8\,h = 0{,}1082532\,s$, $h = 0{,}8660254\,s$, $t = 0{,}75\,h = 0{,}64951905\,s$, $f = 0{,}19245\,t = 0{,}125\,s$ (vergl. Abb. 4, S. 5).

Nach dem Circulaire Nr. 1876 des französischen Chemin de fer du Nord ist $a' = {}^1/_{16}\,h$, daraus folgt: $t' = {}^{13}/_{16}\,h = 0{,}7036458\,s$, $a' = 0{,}0541266\,s$, $f' = 0{,}09623\,t = 0{,}0625\,s$.

Abb. 15. Französisches S. J.-Gewinde.

Betriebstechnische Eigenschaften der Gewindesysteme.

Allgemeines.

Gewindeform, Winkel, Steigung und Verhältnis von Steigung zum Durchmesser der 3 Hauptgewindearten:

Whitworth,
United States Standard,
System International (S. J.)

spielen nach Ansicht der überwiegenden Mehrheit beim praktischen Gebrauch der fertigen Schrauben eine untergeordnete Rolle; von der Herstellung der Gewinde selbst sei zunächst einmal ganz abgesehen.

Die Verwendung des einen oder andern Systems hängt bei alten Fabriken nur von der Ueberlieferung, bei neuen von Zweckmäßigkeitsgründen ab.

Uebereinstimmend wird von allen Mitarbeitern im In- und Auslande festgestellt, daß bisher keines der Hauptsysteme den ganzen Verwendungsbereich deckt, sondern daß die 3 Hauptsysteme von etwa 8 mm abwärts, also für die kleinen Durchmesser, durch eine feiner abgestufte und mit feinerer Steigung versehene Gewindeart ergänzt werden müssen. Es arbeiten daher in Deutschland die Fabriken meist gleichzeitig mit Whitworth- und Loewenherz-, oder Whitworth- und Mechanikergewinde, oder S. J.- und Loewenherzgewinde, oder S. J.- und Mechanikergewinde, oder S. J.-Gewinde allein, aber bis auf 3 mm abwärts ergänzt;

in England mit Whitworth- und B. S. F.-Gewinde, oder Whitworth- und B. A.-Gewinde;

in den Vereinigten Staaten mit United Staates Standard- und A. S. M. E.-Gewinde, oder U. S. St.- und S. A. E.-Gewinde;

in der Schweiz und zum Teil auch in Frankreich mit dem S. J.-Gewinde und Thury-Gewinde[1]).

Die Herstellung der Urform ist in jedem Falle sehr schwierig (vergl. Eckelt, Werkstattstechnik 1907 Heft 1 S. 1 ff.) und verlangt außerordentliche Kenntnis und großen Aufwand an Mühe und Kosten. Die Urform wird aber nur einmal und nur von den wenigen Werkzeugfabrikanten benötigt.

Zweifellos ist bei Herstellung der Urform der Winkel von 60° (U. S. St.-S. J.) am leichtesten erzielbar, dann folgt der von 53° 8' (Loewenherz) und endlich der von 55° (Whitworth) bezw. 47° 30' (B. A.). Vor allem jedoch sind die Abflachungen leichter als die Abrundungen zu erzeugen. Von sehr großem Einfluß ist aber beides nicht; einmal, weil eine wirklich hohe Genauigkeit in jedem Falle sehr schwierig zu erreichen ist, und eine etwas größere oder kleinere Schwierigkeit bei den stets sehr hohen Kosten kaum noch in Betracht kommt, und weil, wie oben bereits erwähnt, die Urform ja eigentlich nur die Werkzeugfabrikanten etwas angeht.

Theoretisch allerdings ist mit völliger mathematischer Genauigkeit und den verhältnismäßig kleinsten Kosten das Gewindeprofil des gleichseitigen Dreiecks, also des 60°-Winkels, erreichbar.

Die Prüfung der Normalgewinde-Form ist etwas bequemer bei den Profilen ohne Abrundung; sie ist aber in jedem Falle mit der nötigen Genauigkeit durchführbar. Sie umfaßt allgemein folgende Punkte:

a) Außendurchmesser,
b) Kerndurchmesser,
c) Steigung,
d) Kantenwinkel,
e) Abflachung oder Abrundung,
f) senkrechte Lage der Querschnittform des Gewindes zur Gewindeachse.

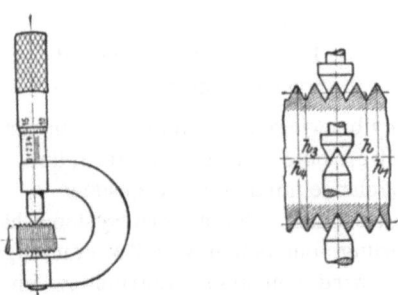

Abb. 16 und 17.

Der Außendurchmesser wird mit einer Gewindemikrometerschraube entweder mit ein- und umgreifenden Ambossen, Abb. 16 und 17, oder mit 2 um die halbe Steigung versetzten nur eingreifenden Ambossen, Abb. 18 und 19, mit hinreichender Genauigkeit festgestellt.

---

[1]) Das Thury-Gewinde benutzen vielfach die Uhrmacher, ebenso wie beim Mikroskopbau in Deutschland das Hamann-Gewinde eine wohl schwer ausrottbare, aber auch unbeachtliche Verwendung findet.

Für die Steigung, den Kantenwinkel und die senkrechte Lage des Ganges genügen Vergleichsvorrichtungen (Komparatoren) mit 0,01 mm Ablesung und auswechselbaren Spitzen, von denen Abb. 20 eine für S. J.-Gewinde (Ludw. Loewe), Abb. 21 eine ähnliche für Whitworth-Gewinde gebaute (Siemens Schuckert-Werke) darstellen; sie sind infolge der auswechselbaren Meßspitzen naturgemäß für jedes Gewinde brauchbar.

Einen besonders schönen und vielseitig verwendbaren Apparat besitzen die Siemens & Halske-Werke-Wernerwerk, Abb. 22, der mit leichter Benutzbar-

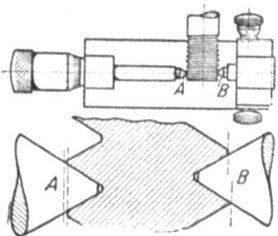

Abb. 18 und 19. Mikrometerschrank zum Messen der Flankenmassen.

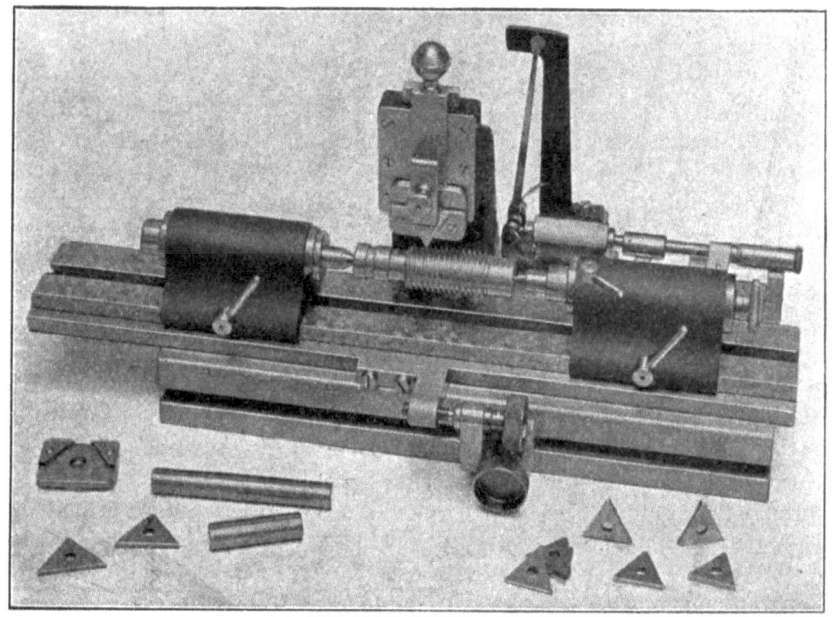

Abb. 20. Komperator von Ludw. Loewe & Co.

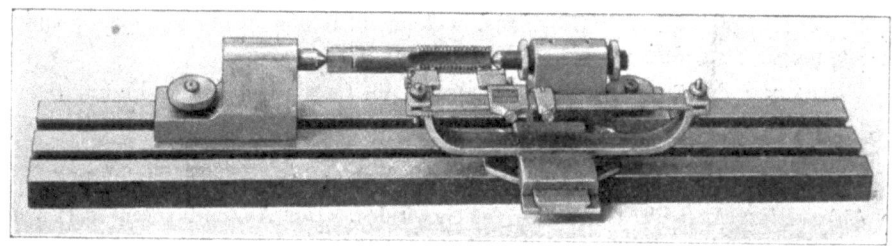

Abb. 21.

keit eine außerordentliche Genauigkeit für die Bestimmung aller Kennzeichen der Gewindeformen verbindet; er ist unter Mitwirkung der Physikalisch-Technischen Reichsanstalt Berlin entworfen und durchgebaut worden.

Auf einem prismatischen Bett a ist der Schlitten b verschiebbar und läßt sich an jeder Stelle festspannen. An dem beweglichen Oberteil c des Schlittens ist ein Beobachtungsmikroskop e angebracht, welches an der Okularseite ein doppeltes Fadenkreuz trägt. Mit diesem Mikroskopträger ist ein zweiter Schlitten d verbunden, der das Ablesemikroskop f trägt. Mittels einer Mikrometerschraube g lassen sich beide Mikroskope, welche starr miteinander verbunden werden können, verschieben.

Abb. 22.

Unter dem Ablesemikroskop befindet sich ein Heydescher Normalmaßstab h von 0,2 mm Teilung. Das Ablesemikroskop in Verbindung mit dem Maßstab gestattet eine sichere Ablesung von 0,0005 mm.

Auf der Grundplatte ist ferner ein Universalschlitten i angeordnet, der sowohl parallel zum Bett als auch senkrecht dazu bewegt werden kann. Ferner ist er drehbar und kippbar, so daß Bewegungen nach allen Richtungen ausgeführt werden können.

Zur Bestimmung des Kerndurchmessers wird der zu messende Kaliberdorn in den Universalschlitten gespannt und so ausgerichtet, daß die äußere Begrenzungslinie des Gewindes, welche im Beobachtungsmikroskop sichtbar ist, parallel zu dem einfachen Faden liegt.

Wird nun die äußere Begrenzungslinie des Gewindes auf den Faden genau eingestellt, Abb. 23, und der Schlitten mit den Mikroskopen mittels der Mikrometerschraube soweit bewegt, bis der Faden mit der inneren Begrenzungslinie des Gewindes übereinstimmt, so erhält man durch Ablesen der Verschiebung am Ablesemikroskop die Gangtiefe des Gewindes. Der Außendurchmesser, vermindert um die doppelte Gangtiefe, gibt den Kerndurchmesser.

Die Steigung wird wie folgt bestimmt:

Eine der Gewindespitzen wird genau zwischen die Doppelfäden eingestellt, Abb. 24, und die Stellung am Ablesemikroskop vermerkt. Sodann verstellt man den Schlitten um mehrere Gewindegänge und bringt wieder eine Gewindespitze genau zwischen die Doppelfäden. Das Ablesemikroskop gibt den Wert an, um wieviel sich der Faden bewegt hat. Dieser Wert, geteilt durch die Anzahl der Gänge, ergibt die Steigung.

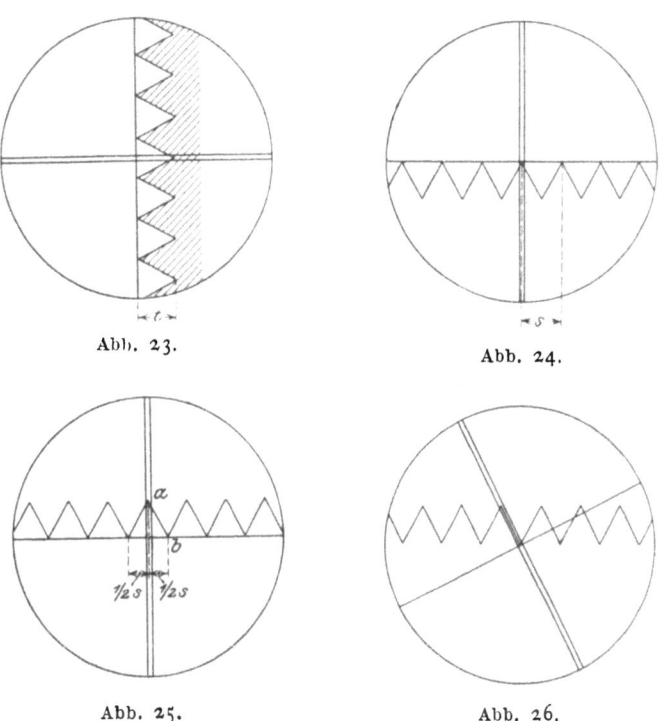

Abb. 23.   Abb. 24.

Abb. 25.   Abb. 26.

Um festzustellen, ob das Gewindeprofil senkrecht auf der Gewindeachse steht, wird die Spitze a des Gewindedreiecks, Abb. 25 zwischen die Doppelfäden eingestellt und der Schlitten mittels der Mikrometerschraube so weit bewegt, bis die Fäden die Spitze b einschließen Der Betrag der Verschiebung muß gleich der halben Steigung sein.

Zur Bestimmung des Kantenwinkels wird der Schlitten mit dem Gewindekaliber so gedreht, daß die eine Flanke des Gewindes mit dem einen Faden des Kreuzes übereinstimmt, Abb. 26. Nach Drehung des Fadenkreuzes bis zur anderen Flanke kann der Kantenwinkel an der Gradeinteilung am Instrument unmittelbar abgelesen werden.

Die üblichste Form der Kontrollwerkzeuge für die Schrauben und Muttern selbst sind für die Muttern feste Kaliberdorne, die an dem einen Ende das Gewinde, an dem andern zwei zylindrische Ansätze tragen, von denen der innere dem Außendurchmesser und der äußere dem Kerndurchmesser entsprechen; oft fallen auch die zylindrischen Ansätze ganz oder teilweise fort. Zu dem Bolzengewinde gehört die passende vollwandige Mutter, Abb. 27 bis 29. Die Untersuchung geschieht durch einfaches Einschrauben und durch Vergleichen der Steigungen des geschnittenen Bolzens mit dem Kaliberdorn (Abb. 28 und 29).

Man findet ferner für den Bolzen entweder einen geschlitzten verstell-

— 18 —

baren Kaliberring, Abb. 30, oder zweiteilige Grenzlehren, Abb. 31, endlich feste Toleranz-Gewindelehren, Abb. 32 bis 35.

Die Handhabung der Lehre, Abb. 31, beruht auf dem Prinzip der Grenzlehren. Die zu prüfende Schraube darf sich zwischen dem beiderseitig glatten

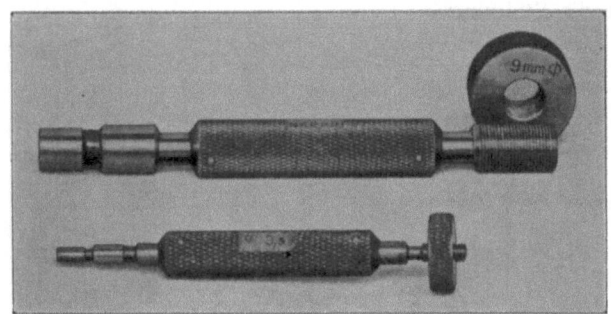

Abb. 27.

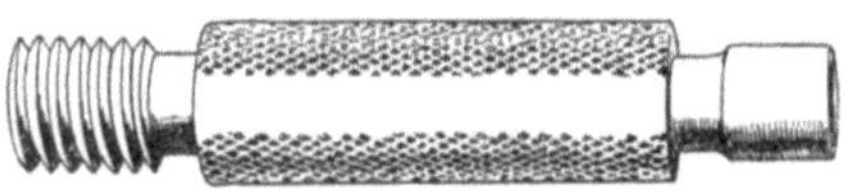

Abb. 28. 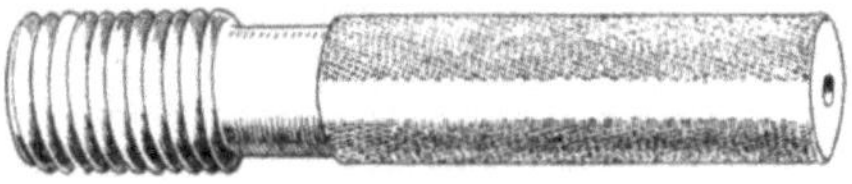   Abb. 29.

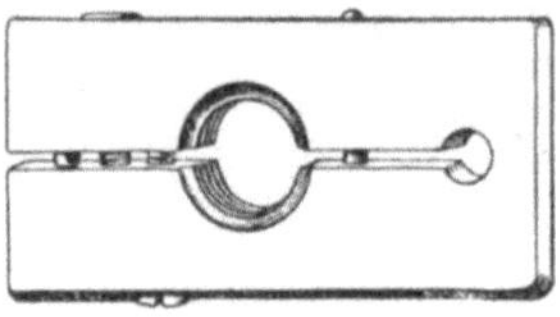

Abb. 30.

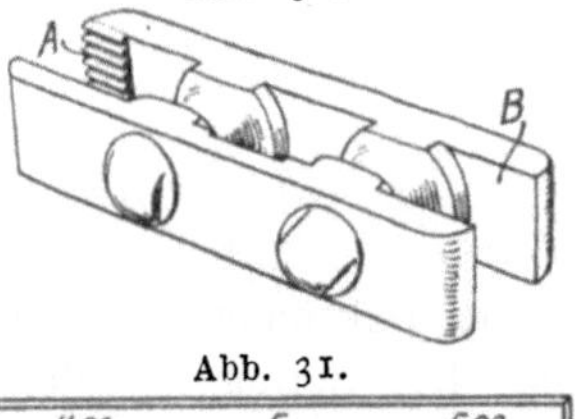

Abb. 31.

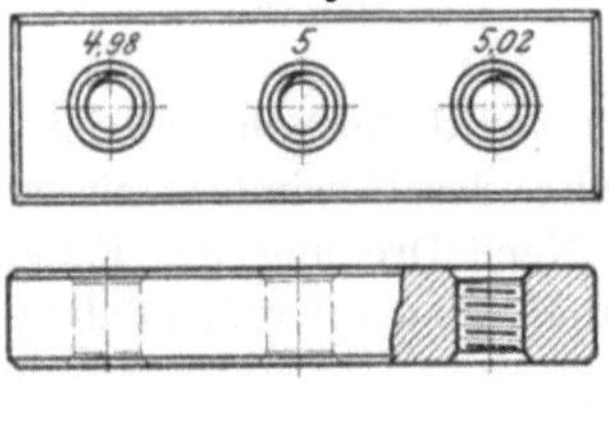

Abb. 32 und 33. Toleranz-Gewindelehre.

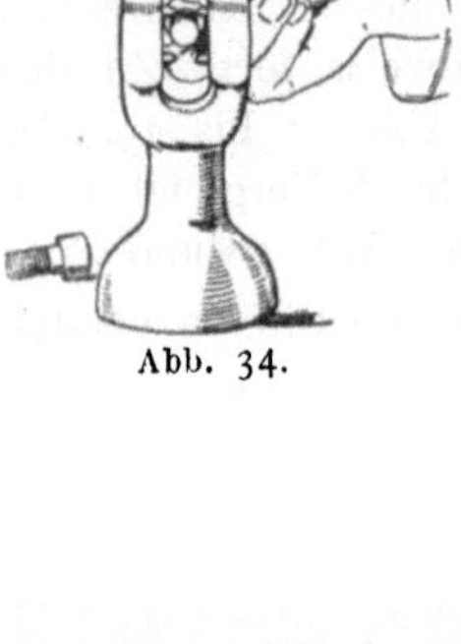

Abb. 34.    Abb. 35.

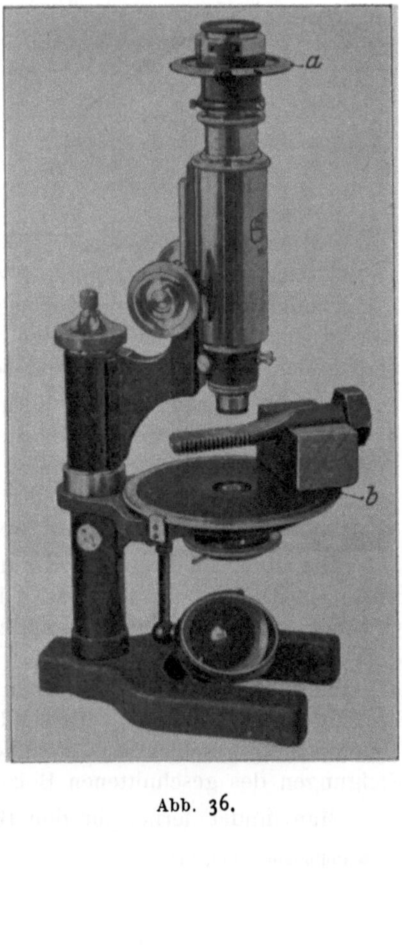

Abb. 36.

Lehrenschnabel B nicht einführen lassen, dagegen muß sie zwischen dem auf einer Seite gezahnten Schnabel A ohne Zwang durchgehen, und eine solche Schraube ist innerhalb der in nachstehenden Zahlentafeln angeführten Fehlergrenzen bezüglich des Außen- und Kerndurchmessers sowie der Gewindesteigung als einwandfrei zu bezeichnen. Läßt sich die Schraube an dem mit B bezeichneten glatten Teil des gezahnten Lehrenschnabels seitlich einführen und bei A von vorn nicht, so ergibt sich daraus, daß ihr äußerer Durchmesser richtig, aber das Gewinde falsch ist; das Gewinde der Schraube ist dann entweder zu grob oder zu fein in der Steigung oder auch nicht tief genug oder schiefwinklig geschnitten; eine solche Schraube ist ebenso unbrauchbar wie diejenige, die in ihrem äußeren Durchmesser zu schwach ist.

Mit der Kontrollehre lassen sich auch Gewindebohrer prüfen, sobald sie, statt mit den veralteten drei Nuten, mit vier Nuten versehen sind. An den Lehren für das S. J.-Gewinde ist für diesen Zweck der erste Teil des gezahnten Lehrenschnabels, entsprechend der Vorschrift für dieses Gewinde, um $1/16$ der Gewindetiefe weiter als der hintere Teil desselben Lehrenschnabels, welcher zum Nachprüfen von Schrauben dient. Die Gewindebohrer werden, wie vorher beschrieben, geprüft, nur mit dem Unterschied, daß ein Gewindebohrer in den vorderen gezahnten Lehrenschnabel streng passen, bezw. nur anschnäbeln soll, während eine Schraube, wie schon erwähnt, ohne jeden Zwang durch die Lehre zu führen sein muß.

Die Bauart, Abb. 34 und 35, läßt die zu prüfenden Schrauben zuerst durch die Prüfspitzen der Gutseite der Lehre hindurchgehen und vor den Spitzen der Ausschußseite haltmachen.

Trotz der theoretischen Bedenken vollzieht sich die Abnahme der Whitworth-Gewinde genau so leicht wie die der 60°-Gewinde.

Der Berichterstatter hat Gelegenheit genommen, eine der größeren deutschen Fabriken für schwarze Schrauben und Muttern nach Whitworth, die von Bauer & Schaurte in Neuß dank dem Entgegenkommen ihres Inhabers, Hrn. Chr. Schaurte, sehr eingehend zu besichtigen. Er hat im normalen Betriebe an allen möglichen Stellen bei großen und kleinen Schrauben Stichproben über das Passen und den Gang der Muttern auf dem Bolzen gemacht, ferner vorher und hinterher beliebig herausgegriffene Stücke mit dem Kalibergewindedorn und der Kalibermutter geprüft und muß die hervorragende Güte dieser »schwarzen Ware« feststellen, die tatsächlich praktisch bis zur Auswechselbarkeit getrieben ist. Dabei ist hervorzuheben, daß es sich um die gewaltige Herstellung von rd. 650000 Stück an einem $9^1/_2$ stündigen Arbeitstag handelt.

Die Einhaltung des Gewinde-Profilwinkels von 55° scheint aber im Durchschnitt schwierig zu sein. Wir haben eine Anzahl schwarzer Whitworth-Schrauben einmal herausgegriffen, bis zur Mitte durchgeschnitten und unter einem von der Firma Carl Zeiß in dankenswerter Weise geliehenen Feinmeßapparat, Abb. 36, mit Winkel-Meßtisch durchgemessen. Dabei hat sich herausgestellt, daß je nach dem Durchmesser die Winkel zwischen 50° und 56° schwankten, daß also ein wirkliches Tragen in der Flanke schwer zu erreichen sein wird.

Einige Firmen der Feinmechanik und Elektrotechnik, die vorzugsweise blanke Schrauben mit Whitworth-, Loewenherz- und Mechanikergewinde herstellen, haben eine scharfe Abnahme organisiert, bei der die zulässigen Grenzen ähnlich festgelegt sind wie bei den glatten Bohrungen. So schreiben z. B. die Siemens Schuckert-Werke in Charlottenburg folgende Grenzen vor:

A) Für Gewindebohrer.

1) Durchmesserunterschiede, bezogen auf

Flankendurchmesser	min.	max.
bis 1 Zoll	+ 0,02 mm	0,06 mm
von 1 bis 2 Zoll . . .	+ 0,02 »	0,08 »
über 2 Zoll	+ 0,02 »	0,10 »

Außen- und Kerndurchmesser sind in Zahlentafel 9 ausgerechnet.

Die Abnahmetoleranzen sind vorerst etwas größer gegriffen, als in Zahlentafel 9 ermittelt, und zwar zur Vermeidung von Schwierigkeiten mit den Lieferanten.

2) Steigungsunterschiede, bezogen auf

1 Zoll Länge	min.	max.
bis 1 Zoll	— 0,04 mm	+ 0,02 mm
von 1 bis 2 Zoll . .	— 0,04 »	+ 0,02 »
über 2 Zoll	— 0,04 »	+ 0,02 »

Zahentafel 9.
Zulässige Abweichungen bei Whitworth-Gewinde.

1	2			3	4			5			6				
	normaler				Toleranzen d. Bolzengewinde, auf Drehbank geschnitten, bei tragender Gewindelänge $l = 1,5\,d$			Toleranzen d. Bolzengewinde, m. Schneideisen geschnitten, bei tragender Gewindelänge $l = d$			aus 4 und 5 ergeben sich folgende Gewindebohrer-Toleranzen				
Gewinde	Außendurchmesser d_1	Flankendurchmesser d_3	Kerndurchmesser d_2	Anzahl der Gänge auf 1 Zoll	d_1, d_2, d_3 max.	d_1, d_2, d_3 min.	Steigungsfehler auf 1 Zoll [1]	d_1, d_2, d_3 max.	d_1, d_2, d_3 min.	Steigungsfehler auf 1 Zoll [2]	d_1 und d_2		d_3		Steigungsfehler auf 1 Zoll
Zoll											min.	max.	min.	max.	
1/4	6,350	5,537	4,724	20	—0,02	—0,08	±0,015	—0,02	—0,08	±0,04	+0,03	+0,05	+0,015	+0,03	±0,03
5/16	7,937	7,034	6,130	18	—0,03	—0,09	»	—0,03	—0,09	»	»	»	»	»	»
3/8	9,525	8,509	7,492	16	—0,04	—0,10	»	—0,04	—0,10	»	»	»	»	»	»
7/16	11,112	9,950	8,789	14	—0,04	—0,11	»	—0,04	—0,11	»	»	+0,06	»	+0,04	»
1/2	12,700	11,345	9,989	12	—0,05	—0,12	»	—0,05	—0,12	»	»	»	»	»	»
5/8	15,875	14,397	12,918	11	—0,07	—0,14	»	—0,07	—0,14	»	»	»	»	»	»
3/4	19,050	17,424	15,797	10	—0,08	—0,15	»	—0,08	—0,15	»	»	»	»	+0,05	»
7/8	22,225	20,418	18,611	9	—0,10	—0,17	»	—0,10	—0,17	»	»	»	+0,02	»	»
1	25,400	23,367	21,334	8	—0,12	—0,19	»	—0,12	—0,19	»	+0,04	+0,07	»	»	»
1 1/8	28,574	26,251	23,928	7	—0,13	—0,21	»	—0,13	—0,21	»	»	»	»	»	»
1 1/4	31,749	29,426	27,103	7	—0,15	—0,23	»	—0,15	—0,23	»	»	»	»	+0,06	»
1 3/8	34,924	32,214	29,503	6	—0,17	—0,25	»	—0,17	—0,25	»	»	»	»	»	»
1 1/2	38,099	35,389	32,678	6	—0,18	—0,27	»	—0,18	—0,27	»	»	+0,08	»	»	»
1 5/8	41,274	38,022	34,769	5	—0,20	—0,29	»	—0,20	—0,29	»	»	»	»	»	»
1 3/4	44,449	41,197	37,944	5	—0,22	—0,32	»	—0,22	—0,32	»	»	»	»	»	»
1 7/8	47,624	44,010	40,396	4,5	—0,23	—0,34	»	—0,23	—0,34	»	»	»	»	»	»
2	50,799	47,185	43,571	4,5	—0,25	—0,37	»	—0,25	—0,37	»	»	+0,09	»	+0,07	»
2 1/4	57,149	53,084	49,018	4	—0,28	—0,40	»	—0,28	—0,40	»	»	»	»	»	»
2 1/2	63,499	59,433	55,367	4	—0,31	—0,44	»	—0,31	—0,44	»	»	»	+0,025	»	»
2 3/4	69,849	65,203	60,556	3,5	—0,34	—0,48	»	—0,34	—0,48	»	»	»	»	»	»
3	76,199	71,553	66,906	3,5	—0,38	—0,53	»	—0,38	—0,53	»	»	+0,10	»	+0,08	»
3 1/4	82,549	77,546	72,544	3,25	—0,41	—0,57	»	—0,41	—0,57	»	»	»	»	»	»
3 1/2	88,898	83,895	78,892	3,25	—0,44	—0,61	»	—0,44	—0,61	»	»	»	»	»	»
3 3/4	95,248	89,727	84,206	3	—0,47	—0,64	»	—0,47	—0,64	»	»	»	»	»	»
4	101,598	96,177	90,755	3	—0,51	—0,70	»	—0,51	—0,70	»	»	»	»	»	»

[1] Diese Werte sind erheblich feiner als die des Standards Committee.
[2] Diese Werte sind bei den kleinen Durchmessern gleich denen des Standards Committee, bei den größeren Durchmessern dagegen gröber.

entsprechend der Erfahrung, daß Gewindebohrer beim Härten in der weitaus größten Anzahl kürzer werden.

B) Für gehärtete Gewindelehren.

1) Durchmesserunterschiede, bezogen auf

Außen-, Kern- und Flankendurchmesser	min.	max.
bis 1½ Zoll Durchmesser	− 0,005 mm	+ 0,005 mm
über 1½ Zoll Durchmesser	− 0,01 »	+ 0,01 »

2) Steigungsunterschiede, bezogen auf

1 Zoll Länge . . . − 0,01 m/m min.   + 0,01 m/m max.

Dabei ist angenommen, daß die kleinste vorkommende Schraube ¼ Zoll ist.

Die Herstellung von auswechselbaren Gewinden wird dadurch erschwert, daß die Genauigkeit, mit der die Bearbeitung von Gewindebohrer und Schneid-

Zahlentafel 10.
Toleranztafel des B. S. W.-Gewindes.

1	2	3	4	5	6	7	8	9	10	11	12
Nenndurchmesser	Anzahl der Gänge auf 1 Zoll	Steigungstoleranz für 1 Zoll Länge	Außendurchmesser			Flankenmaß			Kerndurchmesser		
			max.	Toleranz	min.	max. für eine Schraubem.richtiger Steigung[1]	Toleranz	min.	max.	Toleranz	min.
Zoll		Zoll	Zoll	Zoll	Zoll	Zoll	Zoll	Zoll	Zoll	Zoll	Zoll
¼ (0,25)	20	0,0035	0,2500	0,0018	0,2482	0,2180	0,0018	0,2162	0,1860	0,0023	0,1837
5/16 (0,3125)	18	0,0033	0,3125	0,0020	0,3105	0,2769	0,0021	0,2748	0,2414	0,0025	0,2389
⅜ (0,375)	16	0,0032	0,3750	0,0021	0,3729	0,3350	0,0024	0,3326	0,2950	0,0028	0,2922
7/16 (0,4375)	14	0,0031	0,4375	0,0023	0,4352	0,3918	0,0027	0,3891	0,3460	0,0030	0,3430
½ (0,5)	12	0,0030	0,5000	0,0025	0,4975	0,4466	0,0030	0,4436	0,3933	0,0032	0,3901
9/16 (0,5625)	12	0,0029	0,5625	0,0026	0,5599	0,5091	0,0032	0,5059	0,4558	0,0034	0,4524
⅝ (0,625)	11	0,0028	0,6250	0,0028	0,6222	0,5668	0,0035	0,5633	0,5086	0,0036	0,5050
11/16 (0,6875)	11	0,0027	0,6875	0,0029	0,6846	0,6293	0,0038	0,6255	0,5711	0,0037	0,5674
¾ (0,75)	10	0,0027	0,7500	0,0030	0,7470	0,6860	0,0040	0,6820	0,6219	0,0039	0,6180
13/16 (0,8125)	10	0,0026	0,8125	0,0032	0,8093	0,7485	0,0043	0,7442	0,6844	0,0041	0,6803
⅞ (0,875)	9	0,0026	0,8750	0,0033	0,8717	0,8039	0,0045	0,7994	0,7327	0,0042	0,7285
*15/16 (0,9375)	9	0,0025	0,9375	0,0034	0,9341	0,8664	0,0048	0,8616	0,7952	0,0044	0,7908
1	8	0,0025	1,0000	0,0035	0,9965	0,9200	0,0050	0,9150	0,8399	0,0045	0,8354
1⅛ (1,125)	7	0,0024	1,1250	0,0037	1,1213	1,0335	0,0055	1,0280	0,9420	0,0048	0,9372
1¼ (1,25)	7	0,0024	1,2500	0,0039	1,2461	1,1585	0,0059	1,1526	1,0670	0,0050	1,0620
1⅜ (1,375)	6	0,0023	1,3750	0,0041	1,3709	1,2683	0,0063	1,2620	1,1616	0,0053	1,1563
1½ (1,5)	6	0,0023	1,5000	0,0043	1,4957	1,3933	0,0068	1,3865	1,2866	0,0055	1,2811
1⅝ (1,625)	5	0,0022	1,6250	0,0045	1,6205	1,4969	0,0072	1,4897	1,3689	0,0057	1,3632
1¾ (1,75)	5	0,0022	1,7500	0,0046	1,7454	1,6219	0,0076	1,6143	1,4939	0,0060	1,4879
*1⅞ (1,875)	4,5	0,0021	1,8750	0,0048	1,8702	1,7327	0,0080	1,7247	1,5904	0,0062	1,5842
2	4,5	0,0021	2,0000	0,0050	1,9950	1,8577	0,0084	1,8493	1,7154	0,0064	1,7090
*2⅛ (2,125)	4,5	0,0021	2,1250	0,0051	2,1199	1,9827	0,0088	1,9739	1,8404	0,0066	1,8338
2¼ (2,25)	4	0,0020	2,2500	0,0053	2,2447	2,0899	0,0092	2,0807	1,9298	0,0068	1,9230
*2⅜ (2,375)	4	0,0020	3,3750	0,0054	2,3696	2,2149	0,0096	2,2053	2,0548	0,0069	2,0479
2½ (2,5)	4	0,0020	2,5000	0,0055	2,4945	2,3399	0,0099	2,3300	2,1798	0,0071	2,1727
*2⅝ (2,625)	4	0,0020	2,6250	0,0057	2,6193	2,4649	0,0103	2,4546	2,3048	0,0073	2,2975
2¾ (2,75)	3,5	0,0019	2,7500	0,0058	2,7442	2,5670	0,0107	2,5563	2,3841	0,0075	2,3766
*2⅞ (2,875)	3,5	0,0019	2,8750	0,0059	2,8691	2,6920	0,0110	2,6810	2,5091	0,0076	2,5015
3	3,5	0,0019	3,0000	0,0060	2,9940	2,8170	0,0114	2,8056	2,6341	0,0078	2,6263

[1]) Für Abweichung von richtiger Steigung hat das E. S. C. besondere Toleranztafeln ausgearbeitet.

*) Das Engineering Standards Committee empfiehlt, die mit * versehenen Stärken nicht zum allgemeinen Gebrauch zu verwenden.

eisen durchgeführt werden kann, wirtschaftlich nur bis zu einer gewissen Grenze zu treiben ist. Die Genauigkeit eines Gewindes hängt nicht allein von der mechanischen Bearbeitung und den dabei auftretenden Fehlerquellen ab, sondern auch vom Material für die Werkzeuge und seiner Eigenschaft, sich beim Härten zu verziehen, zu schwinden oder sich auszudehnen. Ein genau geschnittenes Gewinde kann durch das Härten erheblich in seinen Maßen verändert werden.

Man hat mit Abweichungen im Durchmesser sowie in der Länge zu rechnen. Nimmt man für die Fehler im Durchmesser und in der Steigung die Toleranzen an, die wirtschaftlich noch gerade zulässig sind, so lassen sich mit diesen Angaben Zahlentafeln für auswechselbare Gewinde aufstellen, sobald man für die tragende Gewindelänge eine obere Grenze festsetzt.

Für Bolzen, deren Gewinde auf der Drehbank geschnitten wird, ist die tragende Gewindelänge zu $l = 1,5\ d$ angenommen, d. h. die nach Zahlentafel 9 ausgeführten Mutter- und Schraubengewinde sind bei dieser Gewindelänge auswechselbar, und zwar auch dann, wenn die »Mutter mit kleinstem Durchmesser« und »größtem Steigungsfehler nach oben« zusammentrifft mit dem »größten zulässigen Bolzen« und »größtem Steigungsfehler desselben nach unten«.

Für Gewindebolzen, die mit Schneideisen geschnitten werden, d. h. für die normalen Lagerschrauben, kann man als tragende Gewindelänge $l = d$ annehmen, da sie entweder mit Mutter (d. h. $l = d$) versehen werden oder als Stehbolzen dienen. Im letzteren Falle ist zwar die Gewindelänge meist größer, so daß der Bolzen im ungünstigsten Falle mit Aufwand von Kraft einzuschrauben ist, sobald er mehr als $l = d$ im Muttergewinde steckt. Dies schadet aber nichts, da ja jeder Stehbolzen stramm sitzen soll. Kommt die größte

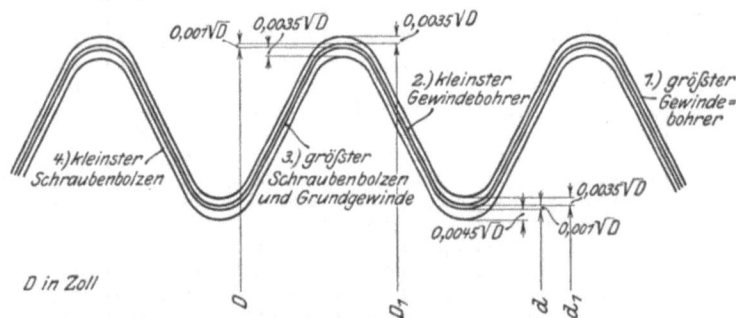

Nach »The Engineerings Standards Committee« 1908.
Abb. 37. Toleranzen für B. S. W.-Gewinde.

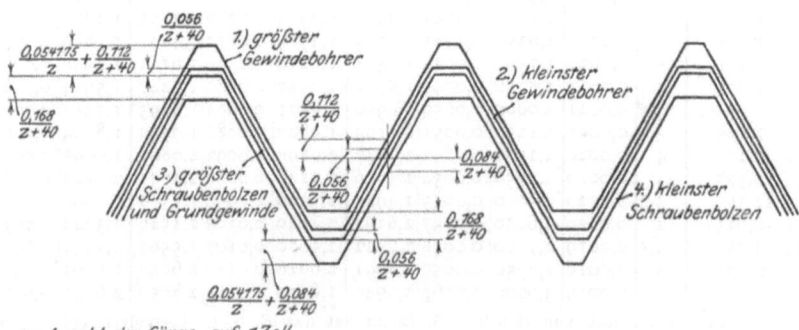

Nach den »Transactions of the American Society of Mechanical Engineers« 1907 S. 100.
Abb. 38. Toleranzen für A. S. M. E.-Gewinde.

Mutter mit dem kleinsten Bolzen zusammen, so wird dieser sehr leicht in die Mutter gehen. Das ist aber ebenfalls ohne Belang, da die Verminderung der Tragfläche des Gewindes nur rd. 6 vH beträgt.

Eine ähnliche Zahlentafel (10) ist von dem »Engineering Standards Committee« in England veröffentlicht worden; Abb. 37 gibt die zeichnerische Darstellung der B. S. W.-Toleranzen. Zahlentafel 11 bis 15 und Abb. 38 zeigen erprobte Toleranzen für Mechaniker-, Löwenherz-, A. S. M. E.-, B. S. F.-, B. A.-Gewinde.

Bei der Herstellung der Werkzeuge sind zu unterscheiden die Grundwerkzeuge, wie Schabestähle, Schabestrehler, Fräser, Rollen usw., die zur Erzeugung der Stähle und Strehler dienen, und die Stähle und Strehler selbst, die zur Erzeugung der Bohrer, Schneideisen, Schrauben usw. dienen. Die Anfertigung der Grundwerkzeuge hat nur Bedeutung für einige wenige Sonderfabriken. Sie ist leichter für die Schabestähle als für die Schabestrehler und wieder etwas leichter für die Stähle mit Abflachung als für die mit Abrundung und für die ohne Schultern leichter als für die mit Schultern; für die Schabestrehler hingegen spielt Abrundung oder Abflachung keine besondere Rolle, Abb. 39 bis 47.

Die Schneidstähle selbst sind ebenfalls einfacher herzustellen als die Schneidstrehler. Hier spielt die Abflachung oder Abrundung noch eine größere Rolle. Die Stähle, die vorn flach sind und keine Schultern haben, sind mit großer Genauigkeit recht billig herzustellen, während die Stähle mit Rundungen und gar Schultern ebenso wie die Strehler wesentlich unangenehmere Arbeitsverfahren verlangen, weniger genau werden und teurer sind.

Die Bohrer sind leichter herzustellen, wenn sie im Außendurchmesser eine Abflachung haben wie für U. S. St.- und S. & H.-Gewinde. Ferner sind sie leichter herzustellen, wenn sie im Außendurchmesser größer sind als die zugehörigen Schrauben wie beim U. S. St.- und S. J.-Gewinde. Die innere Rundung am Kern hingegen erleichtert die Herstellung, da der Stahl weniger leicht stumpf wird.

Zahlentafel 11. Gewinde-Toleranz-Zahlentafel.
a) Mechaniker- (S. & H.) Gewinde.

Gewinde	Kerndurchmesser max. mm	Kerndurchmesser min. mm	Toleranz mm
14	5,75	5,65	0,100
17	4,68	4,585	0,095
18	4,51	4,425	0,005
21	4,05	3,975	0,075
25	3,20	3,145	0,055
27	2,60	2,545	0,055
29	2,24	2,200	0,040
31	1,65	1,615	0,035
33	1,40	1,375	0,025
34	1,30	1,28	0,020
36	0,93	0,91	0,020

Zahlentafel 12.
Gewinde-Toleranz-Zahlentafel.
b) Löwenherz-Gewinde.

L 2	1,4	1,37	0,03
L 2,6	1,925	1,89	0,035
L 3	2,25	2,205	0,040
L 3,5	2,6	2,55	0,045
L 4	2,95	2,90	0,050
L 5	3,8	3,73	0,070
L 6	4,5	4,41	0,090

Die Schneideisen sind leichter herzustellen, wenn sie am Kern abgeflacht sind, da dann der Bohrer im Kern nicht zu schneiden braucht. Die äußere Rundung hingegen fördert die Erhaltung des Schneideisenbohrers.

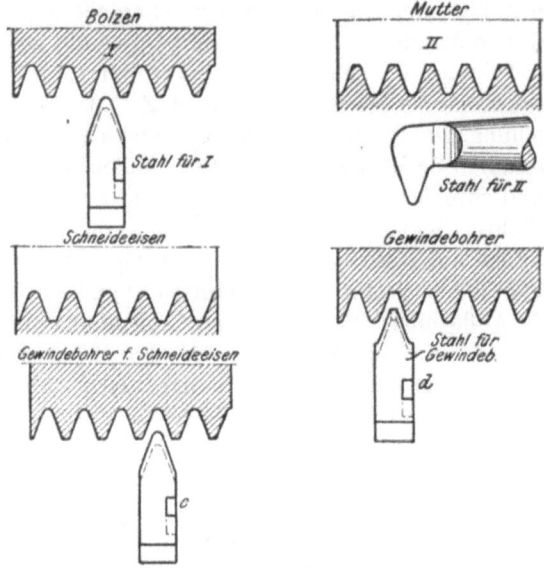

Abb. 39 bis 47. Grundwerkzeuge für S. J.-Gewinde. Nach O. Eckelt, Werkstattechnik 1907 S. 4.

Zahlentafel 13. A. S. M. E.-Toleranzen.
Nach American Society Mechanical Engineers, Transactions 1907 S. 100 und 103.

1	2	3	4	5	6	7	8	9	10	11	12	13
		Normale Maschinenschrauben						Gewindebohrer				
Grund- u größter Durchmesser				kleinster Durchmesser			kleinster Durchmesser			größter Durchmesser		
Außendurchmesser	Anzahl der Gänge auf 1 Zoll	Flankenmaß	Kerndurchmesser	Außendurchmesser	Flankenmaß	Kerndurchmesser	Außendurchmesser	Flankenmaß	Kerndurchmesser	Außendurchmesser	Flankenmaß	Kerndurchmesser
0,06	80	0,0519	0,0438	0,0572	0,0505	0,0410	0,0609	0,0528	0,0447	0,0632	0,0538	0,0466
0,073	72	0,0640	0,0550	0,0700	0,0625	0,0520	0,0740	0,0650	0,0560	0,0765	0,0660	0,0580
0,086	64	0,0759	0,0657	0,0828	0,0743	0,0624	0,0871	0,0770	0,0668	0,0898	0,0781	0,0689
0,099	56	0,0874	0,0758	0,0955	0,0857	0,0721	0,1002	0,0886	0,0770	0,1033	0,0897	0,0793
0,112	48	0,0985	0,0849	0,1082	0,0966	0,0807	0,1133	0,0998	0,0862	0,1168	0,1010	0,0887
0,125	44	0,1102	0,0955	0,1210	0,1082	0,0910	0,1263	0,1116	0,0968	0,1301	0,1129	0,0995
0,138	40	0,1218	0,1055	0,1338	0,1197	0,1007	0,1394	0,1232	0,1069	0,1435	0,1246	0,1097
0,151	36	0,1330	0,1149	0,1466	0,1308	0,1097	0,1525	0,1345	0,1164	0,1569	0,1359	0,1193
0,164	36	0,1460	0,1279	0,1596	0,1438	0,1227	0,1655	0,1475	0,1294	0,1699	0,1489	0,1323
0,177	32	0,1567	0,1364	0,1723	0,1544	0,1307	0,1786	0,1583	0,1380	0,1835	0,1598	0,1411
0,190	30	0,1684	0,1467	0,1852	0,1660	0,1407	0,1916	0,1700	0,1483	0,1968	0,1716	0,1515
0,216	28	0,1928	0,1696	0,2111	0,1904	0,1633	0,2176	0,1944	0,1712	0,2232	0,1961	0,1745
0,242	24	0,2149	0,1879	0,2368	0,2123	0,1808	0,2438	0,2167	0,1896	0,2500	0,2184	0,1931
0,268	22	0,2385	0,2090	0,2626	0,2358	0,2014	0,2698	0,2403	0,2108	0,2765	0,2421	0,2144
0,294	20	0,2615	0,2290	0,2884	0,2587	0,2208	0,2959	0,2634	0,2309	0,3031	0,2652	0,2346
0,320	20	0,2875	0,2550	0,3144	0,2847	0,2468	0,3219	0,2894	0,2569	0,3291	0,2912	0,2606
0,346	18	0,3099	0,2738	0,3402	0,3070	0,2649	0,3479	0,3188	0,2757	0,3559	0,3138	0,2796
0,372	16	0,3314	0,2908	0,3860	0,3284	0,2810	0,3749	0,3334	0,2928	0,3828	0,3354	0,2968
0,398	16	0,3574	0,3168	0,3920	0,3544	0,3070	0,4000	0,3594	0,3188	0,4088	0,3614	0,3228
0,424	14	0,3776	0,3312	0,4178	0,3745	0,3204	0,4261	0,3797	0,3333	0,4359	0,3818	0,3374
0,450	14	0,4036	0,3572	0,4438	0,4055	0,3464	0,4521	0,4057	0,3593	0,4619	0,4078	0,3634

Die Verschiedenartigkeit von Mutter- und Bolzenwerkzeug bei manchen Gewinden macht aber alles in allem keine ausschlaggebenden Schwierigkeiten und wird, falls man auf Auswechselbarkeit Wert legt, bei allen, auch beim Whitworth-Gewinde, hineingebracht werden müssen, um das nötige Spiel zu schaffen. Man wird dann beim Messen in der Werkstatt immer mehr auf den sogenannten Flankendurchmesser zurückgreifen müssen. Dieser mittlere Durchmesser ist bei allen Gewinden, welche gleiche Abrundungen oder Abflachungen am Kopf und Fuß des Gewindeprofiles aufweisen, gleich dem äußeren Durchmesser abzüglich einer vollen Gewindetiefe; das gilt also für die Whitworth-, U. S. St.- und Löwenherz-Gewinde. Nur beim S. J.-Gewinde ist, wegen der Ungleichheit am Kopf und Fuß des Profiles, das Flankenmaß gleich dem äußeren Durchmesser des Gewindebolzens, vermehrt um den Kerndurchmesser der Gewindemutter geteilt durch 2. Bezeichnet D den Bolzendurchmesser, s die Steigung, F das Flankenmaß, so ist (vereinfacht):

$$F = D - 0{,}6495\,s.$$

Zahlentafel 14. B. S. F.-Toleranzen.

1	2	3	4	5	6	7	8	9	10	11	12
Nenndurchmesser	Anzahl der Gänge auf 1 Zoll	Steigungstoleranz für 1 Zoll Länge	Bolzendurchmesser			Flankenmaß			Kerndurchmesser		
			max.	Toleranz	min.	max. für eine Schraube mit richtiger Steigung[1])	Toleranz	min.	max.	Toleranz	min.
Zoll		Zoll	Zoll	Zoll	Zoll	Zoll	Zoll	Zoll	Zoll	Zoll	Zoll
1/4 (0,25)	25	0,0021	0,2500	0,0013	0,2487	0,2244	0,0011	0,2233	0,1988	0,0018	0,1970
5/16 (0,3125)	22	0,0020	0,3125	0,0014	0,3111	0,2834	0,0013	0,2821	0,2543	0,0020	0,2523
3/8 (0,375)	20	0,0019	0,3750	0,0015	0,3735	0,3430	0,0014	0,3416	0,3110	0,0021	0,3089
7/16 (0,4375)	18	0,0018	0,4375	0,0017	0,4358	0,4019	0,0016	0,4003	0,3664	0,0023	0,3641
1/2 (0,5)	16	0,0018	0,5000	0,0018	0,4982	0,4600	0,0018	0,4582	0,4200	0,0025	0,4175
9/16 (0,5625)	16	0,0017	0,5625	0,0019	0,5606	0,5225	0,0019	0,5206	0,4825	0,0026	0,4799
5/8 (0,625)	14	0,0017	0,6250	0,0020	0,6230	0,5793	0,0021	0,5772	0,5335	0,0028	0,5307
11/16 (0,6875)	14	0,0016	0,6875	0,0021	0,6854	0,6418	0,0023	0,6395	0,5960	0,0029	0,5931
3/4 (0,75)	12	0,0016	0,7500	0,0022	0,7478	0,6966	0,0024	0,6942	0,6433	0,0030	0,6403
13/16 (0,8125)	12	0,0016	0,8125	0,0023	0,8102	0,7591	0,0026	0,7565	0,7058	0,0032	0,7026
7/8 (0,875)	11	0,0016	0,8750	0,0023	0,8727	0,8168	0,0027	0,8141	0,7586	0,0033	0,7553
*15/16 (0,9375)	11	0,0015	0,9375	0,0024	0,9351	0,8793	0,0029	0,8764	0,8211	0,0034	0,8177
1	10	0,0015	1,0000	0,0025	0,9975	0,9360	0,0030	0,9330	0,8719	0,0035	0,8684
1 1/8 (1,125)	9	0,0015	1,1250	0,0027	1,1223	1,0539	0,0033	1,0506	0,9827	0,0037	0,9790
1 1/4 (1,25)	9	0,0014	1,2500	0,0028	1,2472	1,1789	0,0035	1,1754	1,1077	0,0039	1,1038
1 3/8 (1,375)	8	0,0014	1,3750	0,0029	1,3721	1,2950	0,0038	1,2912	1,2149	0,0041	1,2108
1 1/2 (1,5)	8	0,0014	1,5000	0,0031	1,4969	1,4200	0,0041	1,4159	1,3399	0,0043	1,3356
1 5/8 (1,625)	8	0,0013	1,6250	0,0032	1,6218	1,5450	0,0043	1,5407	1,4649	0,0045	1,4604
1 3/4 (1,75)	7	0,0013	1,7500	0,0033	1,7467	1,6585	0,0046	1,6539	1,5670	0,0046	1,5624
*1 7/8 (1,875)	7	0,0013	1,8750	0,0034	1,8716	1,7835	0,0048	1,7787	1,6920	0,0048	1,6872
2	7	0,0013	2,0000	0,0035	1,9965	1,9085	0,0050	1,9035	1,8170	0,0050	1,8120
*2 1/8 (2,125)	7	0,0012	2,1250	0,0037	2,1213	2,0335	0,0053	2,0282	1,9420	0,0051	1,9369
2 1/4 (2,25)	6	0,0012	2,2500	0,0038	2,2462	2,1433	0,0055	2,1378	2,0366	0,0053	2,0313
*2 3/8 (2,375)	6	0,0012	2,3750	0,0039	2,3711	2,2683	0,0057	2,2626	2,1616	0,0054	2,1562
2 1/2 (2,5)	6	0,0012	2,5000	0,0040	2,4960	2,3933	0,0060	2,3873	2,2866	0,0055	2,2811
*2 5/8 (2,625)	6	0,0012	2,6250	0,0041	2,6209	2,5183	0,0062	2,5121	2,4116	0,0057	2,4059
2 3/4 (2,75)	6	0,0012	2,7500	0,0041	2,7459	2,6433	0,0064	2,6369	2,5366	0,0058	2,5308
*2 7/8 (2,875)	6	0,0012	2,8750	0,0042	2,8708	2,7683	0,0066	2,7617	2,6616	0,0059	2,6557
3	5	0,0011	3,0000	0,0043	2,9957	2,8719	0,0068	2,8651	2,7439	0,0060	2,7379

[1]) Für Abweichungen von richtiger Steigung hat das Engineering Standards Committee besondere Toleranztafeln ausgearbeitet.

* Das Engineering Standards Committee empfiehlt, die mit * versehenen Stärken nicht zum allgemeinen Gebrauch zu verwenden.

Zahlentafel 15. B. A.-Toleranzen.

1	2	3	4	5
Gewindenummer	Kerndurchmesser des Schraubenbolzens		Außendurchmesser des Gewindebohrers	
	max. mm	min. mm	max. mm	min. mm
0	4,74	4,6	6,2	6,06
*1	4,16	4,04	5,48	5,36
2	3,68	3,57	4,86	4,75
*3	3,17	3 07	4,25	4,15
4	2,77	2,68	3,77	3,64
*5	2,45	2,37	3,32	3,24
6	2,13	2,05	2,91	2,83
*7	1,89	1,82	2,6	2,53
8	1,65	1,59	2,29	2,23
*9	1,41	1,35	1,98	1,92
10	1,26	1,21	1,77	1,72
*11	1,11	1,07	1,56	1,52
12	0,94	0,9	1,36	1,32
*13	0,88	0,85	1,25	1,22
14	0,71	0,67	1,05	1,01
*15	0,64	0,61	0,94	0,91
16	0,55	0,52	0,83	0,8
17	0,49	0,47	0,73	0,71
18	0,43	0,41	0,65	0,63
19	0,36	0,34	0,57	9,55
20	0,33	0,32	0,50	0,49
21	0,28	0,27	0,44	0,43
22	0,24	0,23	0,39	0,38
23	0,21	0,2	0,35	0,34
24	0,18	0,17	0,31	0,3
25	0,16	0,15	0,27	0,26

* Das Engineering Standards Committee empfiehlt, die mit * versehenen Stärken nicht zum allgemeinen Gebrauch zu verwenden.

Zahlentafel 16 gibt die Flankenmaße für die wichtigsten Gewinde, Abb. 48 bis 52 geben ein einfaches Verfahren nebst zugehörigen Formeln zum werkstattmäßigen Ermitteln des mittleren Durchmessers durch eingelegten Draht für die verschiedenen Profile.

Nunmehr kann zu einer kurzen Zusammenfassung der Vorzüge und Mängel der einzelnen Gewindeformen geschritten werden.

1) Whitworth-Gewinde.

Seine Vorzüge sind: Die Werkzeuge für Mutter und Schneideisen einerseits und Bolzen und Gewindebohrer anderseits sind die gleichen. Die Lebensdauer der Werkzeuge ist infolge der Abrundungen groß; aus dem gleichen Grunde sind Bolzen und Mutter kräftig und gegen Beschädigungen im Betriebe widerstandsfähig. Das Anliegen von Kopf und Fuß gegeneinander gibt die theoretische[1]) Möglichkeit des Dichthaltens gegen inneren Gefäßdruck. Die geringe Zahl von Schraubensorten macht das System für die Hinlegung von Lager-

---

[1]) Vom Berichterstatter ausgeführte Versuche mit normal geschnittenen Whitworth-Schrauben haben erwiesen, daß es ebensowenig dicht hält wie Gewinde mit absichtlichem Spiel. Nur besonders sorgfältig, am besten etwas konisch geschnittene Whitworth-Schrauben halten wirklich ohne Dichtungsmittel dicht.

Zahlentafel 16. Gewindesysteme. Nach J. Hildebrand, Werkstattechnik 1907 S. 243.

Durchmesser		Gewinde nach dem englischen Zollmaß												Gewinde nach dem metrischen Maß						
		Sellers (U.S. St.)				Whitworth					Gasgewinde				System International			Bemer-kungen	Löwenherz		
in Zoll	in mm	s	Gang auf 1 Zoll	Kern-dmr.	Flanken-dmr.	s	Gang auf 1 Zoll	Kern-dmr.	Flanken-dmr.	lichte Rohr-weite	Durch-messer in mm	s	Gang auf 1 Zoll	Kern-dmr.	Flanken-dmr.	s	Kern-dmr.	Flanken-dmr.		s	Kern-dmr.	Flanken-dmr.
1/16	1,587	—	—	—	—	0,4233	60	1,045	1,316											0,25	0,625	0,8125
3/32	2,381	—	—	—	—	0,5291	48	1,730	2,042											0,25	0,825	1,0125
1/8	3,175	—	—	—	—	0,635	40	2,362	2,768	1/8	9,7153	0,907	28	8,5520	9,134					0,3	0,950	1,175
5/32	3,969	—	—	—	—	0,7937	32	2,9526	3,460	1/4	13,1569	1,3368	19	11,445	12,301					0,35	1,175	1,4375
3/16	4,762	—	—	—	—	1,0583	24	3,407	4,085	3/8	16,6697	1,3368	19	14,958	15,814					0,4	1,400	1,700
1/4	6,350	1,270	20	4,700	5,525	1,270	20	4,724	5,537	1/2	20,9724	1,8143	14	19,648	19,810					0,4	1,700	2,000
5/16	7,937	1,411	18	6,104	7,021	1,411	18	6,130	7,034	5/8	22,9154	»	»	20,591	21,753					0,45	1,925	2,2625
3/8	9,525	1,5875	16	7,463	8,494	1,5875	16	7,492	8,509	3/4	26,4409	»	»	24,117	25,279	0,55	2,236	2,643		0,5	2,250	2,625
7/16	11,112	1,8143	14	8,756	9,934	1,8143	14	8,789	9,950	7/8	30,200	»	»	27,876	29,038	0,55	2,736	3,143		0,6	2,600	3,050
1/2	12,700	1,9538	13	10,162	11,431	2,1166	12	9,989	11,345	1	33,248	2,309	»	30,289	31,768	0,7	3,027	3,545		0,7	2,950	3,475
9/16	14,287	2,1166	12	11,537	12,912	2,1166	12	12,932	—	1 1/8	37,896	»	»	34,937	36,417	0,7	3,527	4,045		0,75	3,375	3,9375
5/8	15,875	2,309	11	12,875	14,375	2,309	11	12,918	14,397	1 1/4	41,909	»	»	38,950	40,430	0,85	3,818	4,448		0,8	3,800	4,400
11/16	17,462	—	—	—	—	2,309	11	14,505	15,984	1 3/8	44,322	»	»	41,363	42,843	0,85	4,318	4,948		0,9	4,150	4,825
3/4	19,050	2,540	10	15,759	17,400	2,540	10	15,797	17,424	1 1/2	47,815	»	»	44,855	46,335	1	4,605	5,351		1	4,500	5,250
13/16	20,637	—	—	—	—	2,540	10	17,384	19,011	1 3/4	51,993	»	»	49,034	50,513	1	5,605	6,351		1,1	5,350	6,175
7/8	22,224	2,822	9	18,559	20,392	2,822	9	18,611	20,418	2	59,613	»	»	56,654	58,133	1,25	6,265	7,190		1,2	6,200	7,100
15/16	23,812	—	—	—	—	2,822	9	20,198	22,005	2 1/4	65,721	»	»	62,762	64,242	1,25	7,265	8,190		1,3	7,050	8,025
1	25,400	3,175	8	21,276	23,338	3,175	8	21,334	23,367	2 1/2	76,232	»	»	73,272	74,752	1,5	7,910	9,026		1,4	7,900	8,950
1 1/8	28,574	3,6286	7	23,861	26,216	3,175	8	23,928	26,251	2 3/4	82,472	»	»	79,513	80,993	1,5	8,910	10,026				
1 1/4	31,749	3,6286	7	27,036	29,393	3,6286	7	27,103	29,426	3	88,517	»	»	85,558	87,038	1,75	9,570	10,864				
1 3/8	34,924	4,2333	6	29,424	32,174	3,6286	7	29,503	32,214	3 1/4	93,94	»	»	90,980	92,462	2	11,215	12,701				
1 1/2	38,099	4,2333	6	32,599	35,349	4,2333	6	32,678	35,389	3 1/2	99,36	»	»	96,400	97,880	2	13,215	14,701				
1 5/8	41,274	4,6181	5,5	35,275	38,275	4,2333	6	34,769	38,022	3 3/4	104,79	»	»	101,830	103,310	2,5	14,520	16,376				
1 3/4	44,449	5,080	5	37,851	41,150	5,080	5	37,944	41,197	4	110,21	»	»	107,250	108,729	2,5	16,520	18,376				
1 7/8	47,624	5,080	5	41,026	44,325	5,6444	4,5	40,396	44,010							2,5	18,520	20,376				
2	50,799	5,6444	4,5	43,467	47,133	5,6444	4,5	43,571	47,185							3	19,825	22,052				
2 1/4	57,150	—	—	—	—	6,350	4	49,018	53,084							3	22,825	25,052				
2 1/2	63,499	—	—	—	—	6,350	4	55,367	59,433							3,5	25,130	27,725				
																3,5	28,130	30,725				
																4	30,430	33,400				
																4	33,430	36,400				
																4,5	35,735	39,075				
																4,5	38,735	42,075				
																5	41,040	44,750				
																5	45,040	48,750				

Bemerkungen: nicht tabellarisch festgelegt

D = Durchmesser
d = Kerndurchmesser = $D - 2t$
F = Flankendurchmesser = $D - t$
F_1 für S. J.-Gewinde = $D - 0,6495\,s$
t = Tiefe des Gewindes
s = Steigung des Gewindes

Abb. 48. U. S. St.

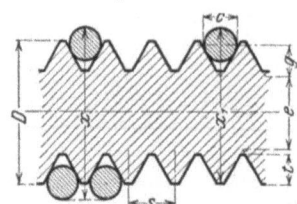

z = Anzahl der Gänge auf 1 Zoll
s = Steigung = $\dfrac{1}{\text{Anzahl der Gänge auf 1 Zoll}}$
t = Gewindetiefe = $0{,}6495\, s = \dfrac{0{,}6495}{z}$
D = Außendmr.
$e = D - \dfrac{1{,}5155}{z}$
c = Drahtdmr. $\begin{cases} \text{max. Dmr.} = 1{,}010\, s \\ \text{min. } \text{»} = 0{,}505\, s \end{cases}$
$g = c$
$x = e + 2g + c = e + 3c$
$x_1 = \dfrac{D}{2} + \dfrac{e}{2} + g + \dfrac{c}{2} = \dfrac{D+e+3c}{2}$

Abb. 49. 60° V-Gewinde.

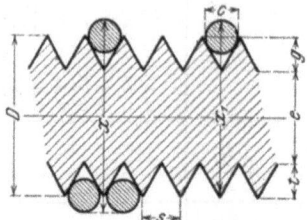

z = Anzahl der Gänge auf 1 Zoll
s = Steigung = $\dfrac{1}{\text{Anzahl der Gänge auf 1 Zoll}}$
t = Gewindetiefe = $0{,}866\, s = \dfrac{0{,}866}{z}$
D = Außendmr.
e = Kerndmr. = $D - 2t$
c = Drahtdmr. $\begin{cases} \text{max. Dmr.} = 1{,}155\, s \\ \text{min. } \text{»} = 0{,}577\, s \end{cases}$
$g = c$
$x = e + 2g + c = e + 3c$
$x_1 = \dfrac{D}{2} + \dfrac{e}{2} + g + \dfrac{c}{2} = \dfrac{D+e+3c}{2}$

Abb. 50 und 51. Acme-Spindelgewinde.

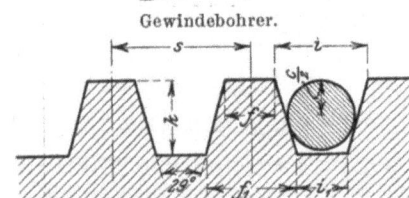

Spindelgewinde

s = Steigung = $\dfrac{1}{\text{Anzahl der Gänge auf 1 Zoll}}$
t = Gewindetiefe = $\dfrac{s}{2} + 0{,}010$ Zoll
i = Weite, außen = $0{,}6293\, s$
i_1 = » innen = $0{,}3707\, s - 0{,}0052$ Zoll
f = Stärke, außen = $0{,}3707\, s$
f_1 = » innen = $0{,}6293\, s + 0{,}0052$ Zoll
D = Außendmr.
$x = D + 0{,}010$ Zoll

Bohrergewinde

$t = \dfrac{s}{2} + 0{,}020$ Zoll
$i = 0{,}6293\, s + 0{,}0052$ Zoll
$i_1 = 0{,}3707\, s - 0{,}0052$ Zoll
$f = 0{,}3707\, s - 0{,}0052$ Zoll
$f_1 = 0{,}6293\, s + 0{,}0052$ Zoll
$D_1 = D + 0{,}020$ Zoll
$x_1 = D_1 = D + 0{,}020$ Zoll

Der benutzte Draht hat einen solchen Durchmesser, daß er, in die Gewindenut des Bohrers gelegt, mit den Gewindespitzen fluchtet. In die Gewindenut der Spindel gelegt, überragt er die Gewindespitzen um 0,010 Zoll.

Zahl der Gänge auf 1 Zoll	Steigung s	Gewindetiefe t	Drahtdurchmesser c	Zahl der Gänge auf 1 Zoll	Steigung s	Gewindetiefe t	Drahtdurchmesser c
½	2,000	1,0100	0,9785	3	0,333	0,1767	0,1664
¾	1,500	0,7600	0,7349	4	0,250	0,1350	0,1278
1	1,000	0,5100	0,4913	5	0,200	0,1100	0,1014
1⅓	0,750	0,3850	0,3694	6	0,1667	0,0933	0,0852
1½	0,667	0,3433	0,3288	7	0,1429	0,0814	0,0736
1¾	0,571	0,2951	0,2824	8	0,1250	0,0725	0,0649
2	0,500	0,2600	0,2476	9	0,1111	0,0655	0,0581
2½	0,400	0,2100	0,1989	10	0,1000	0,0600	0,0527

ware, also für die Massenfabrikation[1]) (schwarz) besonders geeignet. Zwischen 10 und 20 mm sind nur die 4 Gewindesorten von $^7/_{16}''$, $^1/_2''$, $^5/_8''$, $^3/_4''$ üblich. Dabei sind die Abmessungen der Sechskantköpfe den heutigen Herstellverfahren insofern gut angepaßt, als sie mit einmaligem Stauchen hergestellt werden können und in bezug auf Eisenverbrauch, Abfall usw. recht günstig sind.

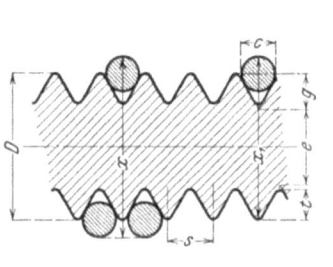

$z =$ Anzahl der Gänge auf 1 Zoll

$s =$ Steigung $= \dfrac{1}{\text{Anzahl der Gänge auf 1 Zoll}}$

$t =$ Gewindetiefe $= 0{,}6403\,s = \dfrac{0{,}6403}{z}$

$D =$ Außendurchmesser

$e = D - \dfrac{1{,}6008}{z}$

$c =$ Drahtdmr. $\begin{cases} \text{max.} = 0{,}840\,s \\ \text{min.} = 0{,}506\,s \end{cases}$

$g = 1{,}08205\,c$

$x = e + 2\,g + c = e + 3{,}1657\,c$

$x_1 = \dfrac{D}{2} + \dfrac{e}{2} + g + \dfrac{c}{2} = \dfrac{D + e + 3{,}1657\,c}{2}$

Abb. 52. Whitworth-Gewinde.

Seine **Mängel** bestehen in der Schwierigkeit, die 55°-Winkelform genau herzustellen. Eine weitere Schwierigkeit entsteht beim Nachmessen durch die Abrundungen überhaupt. Der Winkel von 55° schneidet sich schlechter als der 60°-Winkel, die Flanken werden leicht zerrissen.

Seine Abmessungen gehen nach englischen Zollen. Das gegenseitige Anliegen von Kopf und Fuß erschwert das Einpassen und hindert in sehr vielen, vielleicht den meisten Fällen das Tragen in der Flanke. Um letzteres zu verbürgen, bohrt z. B. M. A. N.-Augsburg die Gewindelöcher einige Zehntel Millimeter größer als normal, siehe Abb. 54. Abb. 53 zeigt eine Schraube mit

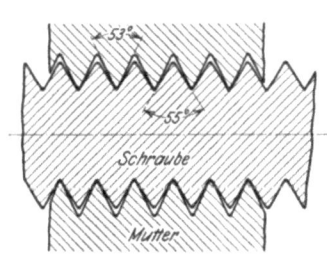

Abb. 53. Schraube und Mutter mit gleicher Steigung mit verschiedenem Gewindewinkel.

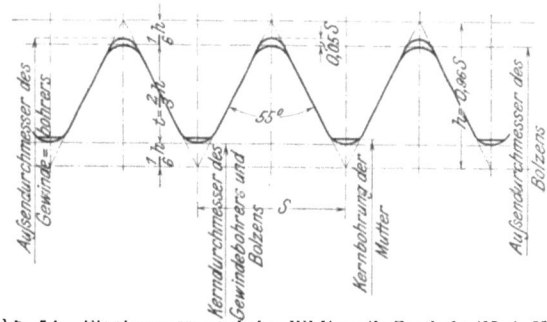

Abb. 54. Flankenpassung beim Whitworth-Gewinde (M. A. N. Augsburg) Kernbohrung der Mutter 0,1 bis 0,6 mm größer als normal.

Mutter, die als passend abgenommen ist, nur weil Bolzengrund und Mutterspitzen tragen, die Schraube also zunächst nicht wackelt, während die Profilwinkel um 2° verschieden sind. Eine solche Schraubenverbindung ist sehr schlecht, sie hält natürlich auch nicht dicht.

Die Steigungen sind für die kleinen Durchmesser von etwa $^5/_{16}''$ rd. 8 mm abwärts zu grob. Das Original-Whitworth-Gewinde mußte daher in England durch feinere Gewinde wie das B. S. F.- und das B. A.-Gewinde ergänzt werden. Beachtenswert ist, daß das vielverwendete B. A.-Gewinde, Abb. 10 u. 11, ein metrisches Gewinde ist.

---

[1]) Der Verbrauch der deutschen Schraubenfabrikanten schwarzer Schrauben beträgt nach **roher** Schätzung 65000 bis 75000 t Stabeisen im Jahre, also etwa 220 bis 250 t am Tage; **davon** dürften die Staatseisenbahnen etwa 40 t verbrauchen.

2) S. J.-Gewinde.

Seine **Vorzüge** sind: Sämtliche Abmessungen sind metrisch; dem Metermaß gehört aber nach den bisherigen Erfahrungen sicher die Zukunft. Die Herstellung der Form, das Einpassen und Nachmessen ist leicht. Das Tragen der Flanken ist, weil im Prinzip liegend, gesichert. Daher ist die Lebensdauer des Gewindes sehr günstig. Das Gewinde schneidet sich leicht, die Flanken bleiben sauber. Die Abstufung von Steigung zum Durchmesser ist gut.

Für Schrauben, die dicht halten sollen, ist das S. J.-Grenzprofil anzuwenden, wie es bereits bei den Schweizer Eisenbahnen für Stehbolzen und Kessel geschehen ist.

Seine **Mängel** sind: Die Werkzeuge sind überall doppelt auszuführen, z. T. müssen sie sogar mit den schwierigen Seitenschultern versehen sein. Die höheren Anschaffungskosten von Doppelwerkzeugen werden durch ihre doppelte Lebensdauer im Gebrauch völlig ausgeglichen.

Die scharfen Kanten an Gewindebohrern und Schneideisen nutzen sich zu schnell ab; schwarze Schrauben lassen sich daher mit tadellosem Profil schwer herstellen.

Das Gewindesystem gestattet von vornherein mehrere Ausführungsformen der **Abrundungen** (allerdings läßt sich dieser Mangel leicht dadurch beseitigen, daß man die Grenzformen in die zulässigen Abweichungen des Herstellungsverfahrens umwandelt).

Die Zahlentafel 2 endet unten bei 6 mm und oben bei 80 mm. Dadurch sind bereits nach oben und unten willkürliche neue Zusatzsysteme entstanden, weil z. B. 50 vH der blanken Schrauben unter 6 mm liegen, also in sehr erheblichem Maße ständig gebraucht werden.

Die Durchmesser der Zahlentafel entsprechen vielfach nicht gangbaren Walzsorten, wie 24, 27, 33, 39, 52, 56, 64, 72, 76 mm. Da diese Sorten sonst von den deutschen Hütten nicht verlangt werden, so wäre es besser gewesen, die Reihe[1]) 25, 28, 32, 38 bezw. 40, 45, 50, 55, 65, 70, 75 usw. zu wählen und außerdem nicht von 12 auf 14 mm zu springen, sondern 13 mm beizubehalten.

Bei den Muttern zeigt die S. J.-Zahlentafel ebenfalls ungünstige, für die Herstellung schwarzer Ware ungeeignete Werte.

3) United-States-Standard-Gewinde.

Das U. S. St.-Gewinde hat alle Vorzüge des S. J.-Gewindes, außerdem ist es ihm darin überlegen, daß es infolge seiner symmetrischen Form die Doppelausführung der Werkzeuge vermeidet.

Da dies Gewinde aber in Deutschland laut der vorliegenden Statistik zurzeit nur von zwei Firmen benutzt wird, die bereits mitteilen, daß sie zum S.-J.-Gewinde übergehen, so kann von weiteren Erörterungen abgesehen werden.

4) Löwenherz-Gewinde.

Seine **Vorzüge** sind: Für weichere Stoffe, wie Messing, Aluminium u. dergl., wird das Gewinde tiefer[2]); die Schraube sitzt daher fester und löst sich nicht so leicht.

---

[1]) Diese neue Reihe ist in Zürich bereits 1898 von den Italienern vorgeschlagen, aber leider nicht angenommen worden.

[2]) Der Mechaniker liebt das »schön-tiefe« Gewinde.

Die Fürsorge der Physikalisch-Technischen Reichsanstalt zu Berlin hat zusammen mit den hervorragenden Werkzeugfabrikanten durch Prüfung der Normalien dafür gesorgt, daß das L.-Gewinde wirklich einheitlich an allen Gebrauchstellen hergestellt wird.

Seine Mängel sind: Sehr hoher Werkzeugverschleiß infolge des spitzen Winkels von 53° 8', der gerade von den Werkzeugfabrikanten trotz gegenteiligen Interesses gegenüber den andern Systemen hervorgehoben wird. Es ist daher nur für blanke Schrauben, für die es allerdings auch nur gedacht war, zu brauchen. Bei spröden Metallen, wie Gußeisen, brechen die Gewindekanten sehr leicht aus.

5) Normales (!) Mechaniker-Gewinde (S. & H.).

Dieses Gewinde ist ein Musterbeispiel (vergl. Zahlentafel 4) für ein wildes Gewinde. Es sollte daher zur Entlastung des deutschen Elektro-Apparatebaus schnellstens ausgemerzt werden.

Auf die übrigen englischen und amerikanischen Feingewinde mit sehr spitzem Profilwinkel einzugehen, erübrigt sich unter Hinweis auf das beim Löwenherz-Gewinde Gesagte.

Schlüsselweiten.

Eine Normalisierung der Schlüsselweiten für Sechs- und Vierkante wird insbesondere von allen Schraubenfabrikanten für wichtiger angesehen als die Vereinheitlichung der Gewinde selbst. Eine Durcharbeitung der eingesandten Zahlentafeln, die hier unmöglich alle wiedergegeben werden können, zeigt, wie berechtigt diese Klagen sind.

Es wird darauf hingewiesen, daß die beiden großen deutschen Staatsbehörden, Marine und Eisenbahn, verschiedene Schlüsselweiten vorschreiben und daher zu doppelten Lagervorräten zwingen.

Hervorgehoben wird ferner, daß die amerikanischen Schlüsselmaße — insbesondere für die Herstellung — günstiger ausgewählt seien als die der Whitworth- und S. J.-Skalen.

Objektiv muß zugegeben werden, daß der Schlüsselnotstand brennend ist. Denn die einmal vorhandene Schraube wird und soll sehr lange halten, Schlüssel aber werden dauernd gebraucht und leicht vertauscht; dann aber wird das Sechskant verdorben. Daß die Gelegenheit dazu in jeder Werkstatt bei dem Durcheinander von Maschinen verschiedenster Herkunft täglich gegeben ist, braucht kaum hervorgehoben zu werden.

B) Die Stellungnahme der deutschen Industrie.

Um die heutige Stimmung der deutschen Industrie und die tatsächlichen Zustände möglichst genau wiederzugeben, sei das Ergebnis der statistischen Erhebungen an Hand der einzelnen Fragen des Fragebogens hier niedergelegt.

Frage 1. Die Bestrebungen des Vereines deutscher Ingenieure gehen grundsätzlich dahin, durch die Einführung eines einheitlichen Gewindes die große Unordnung, die in bezug auf die Verwendung von Gewinden besteht, aus der Welt zu schaffen und hierdurch eine Vereinfachung der Fabrikation im gesamten Maschinenbau zu ermöglichen.

Sind Sie mit diesem Grundgedanken einverstanden?

Von 191 Beantwortern verneint nur einer diese Frage, einer ist bedingt für ja, 189 bejahen sie. Der Berichterstatter hat bei einer großen Berliner Fabrik für blanke Schrauben genauer nachgeforscht und festgestellt, daß diese Firma nicht weniger als 2831 verschiedene Gewindebohrer nebst Zubehör für wirklich verlangte Schraubenarten in ihrem Werkzeuglager hat. Ein geradezu erschreckendes Bild für die Verwilderung der deutschen Gewindezustände!

Frage 2. Angestrebt wird von vornherein eine internationale Verständigung! Da aber eine solche zweifellos jahrelange Verhandlungen erfordern wird, so wird die Frage gestellt:

a) Sind Sie der Ansicht, daß die Vereinheitlichung der Gewindesysteme in Deutschland allein schon erhebliche Vorteile bringen wird?

121 antworten mit ja,

4 bedingt mit ja; d. h. falls »Whitworth« angenommen wird,

26 mit nein.

Die Gruppierung ist folgende:	ja	nein
allgemeiner Maschinenbau	49	7
Werkzeugmaschinenbau	35	11
Werften	5	1
Lokomotiv- und Wagenfabriken	5	2
Elektrotechnik	14	2
Feinmechanik	5	1
Schraubenfabriken	8	2
	121	26

b) Und stimmen Sie der Auffassung zu, daß eine Verständigung schon allein unter allen deutschen Schrauben-Herstellern und -Verbrauchern anzustreben und vorteilhaft ist?

Hier ist etwa die gleiche Verteilung und Stimmenzahl wie unter 2a.

c) Würden Sie eine solche Verständigung unterstützen, und sind Sie bereit, an Besprechungen über den Gegenstand entweder persönlich oder durch Stellvertretung teilzunehmen?

Zu persönlicher Mitarbeit sind 72 Firmen bereit.

Frage 3. Sind Sie der Ansicht, daß das bereits bestehende S. J.-Gewinde (System International) die geeignete Grundlage für die anzustrebende Einigung bilden soll, oder halten Sie das Whitworth-Gewinde oder das United-States-Standard- oder endlich das Löwenherz-Gewinde für zweckmäßiger bezw. an welchen Verwendungsstellen?

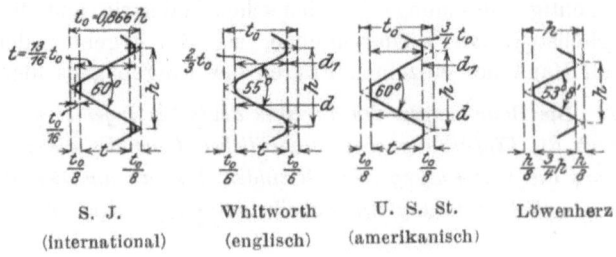

S. J. (international) Whitworth (englisch) U. S. St. (amerikanisch) Löwenherz

Gruppierung	S. J.	Whitworth	U. S. St.	Löwenherz	davon erklären aber Anschluß an Mehrheit
allgemeiner Maschinenbau . . .	23	47	—	10	10
Werkzeugmaschinenbau	32	16	—	3	3
Werften	—	7	—	—	—
Lokomotiv- und Wagenfabriken .	5	5	—	3	—
Elektrotechnik	8	8	—	13	2
Feinmechanik	2	2	—	8	—
Schraubenfabriken	2	11	2	—	—
	72	96	2	37	

Diese Fragebeantwortung wird zusammen mit der von Frage 6 besprochen werden. Immerhin muß darauf hingewiesen werden, daß die Zahl der allerdings noch teilweise theoretischen Anhänger des S. J.-Gewindes im Wachsen ist.

Die Summe (207) der obigen Ziffern ist nicht gleich der Zahl der Beantworter; das kommt daher, daß viele gleichzeitig Whitworth und Löwenherz bezw. S. J. und Löwenherz, als sich ergänzend, befürworten.

Frage 4. Stimmen Sie mit uns darin überein, daß unter keinen Umständen zu den vorhandenen normalen und wilden Gewindesystemen noch ein weiteres »nunmehr grundlegendes« hinzugefügt werden darf, sondern daß die Einigung auf der Grundlage eines der bereits bestehenden erprobten Systeme zu erfolgen hat?

Diese Frage haben bejaht: 53 Maschinenfabriken, 44 Werkzeugfabriken, 5 Werften, 8 Lokomotivfabriken, 14 Elektriker, 6 Feinmechaniker, 10 Schraubenfabriken, im ganzen 140 Firmen.

Je 1 Maschinen-, Werkzeug-, Elektrotechnik- und Schraubenfabrik, im ganzen 4 Firmen erklären alle bestehenden Systeme für so verbesserungsbedürftig, daß ein ganz neues System notwendig sei.

Frage 5. Halten Sie als Anfang den Weg für empfehlenswert, die Zollmaße durch abgerundete (Eisenbahnverwaltungen) oder auch genau umgerechnete metrische Maße zu ersetzen?

Hier sind die Meinungen merkwürdig geteilt; es ist offenbar von vielen nicht erkannt worden, daß die Verquickung von metrischen Außenmaßen mit zölligen Steigungen ein ganz neues System vorstellt.

Gruppierung	für die Umrechnung	gegen die Umrechnung
Maschinenfabriken	20	33
Werkzeugmaschinenfabriken	13	32
Werften	2	3
Lokomotivfabriken	5	3
Elektriker	5	9
Feinmechaniker	4	2
Schraubenfabriken	5	4
	54	86

Insbesondere zwei Schraubenfabriken glauben, daß die Vereinigung von dem metrischen Außenmaß mit der zölligen Whitworth-Gewindesteigung und dem Whitworth-Profil ein gangbarer Vergleichsweg wäre.

Frage 6. Wenn Sie damit einverstanden sind, daß die Befestigungsschrauben zunächst getrennt behandelt werden, so wird gebeten, eine Tabelle der von Ihnen verwendeten Befestigungsschrauben mit Ihrer Antwort mitzusenden.

Mit der Abtrennung der Befestigungsschrauben (vergl. S. 2, Befestigungsgewinde) sind mit Recht nur 8 Firmen einverstanden. Sehr interessant (vergl. Frage 3) ist nun das Ergebnis der zurzeit wirklich in den eigenen Betrieben verwendeten Gewindesysteme.

Gruppierung	Whit-worth	S. J.	Löwen-herz	Mecha-niker	U. S. St.	außerdem Spezial-gewinde
Maschinenfabriken	60	10	3	—	1	1
Werkzeugmaschinenbau	40	8	—	—	—	—
Werften	7	—	—	—	—	2
Lokomotiv- und Wagenfabriken	10	—	—	—	—	—
Elektrotechnik	10	2	13	4	1	1
Feinmechanik	2	—	7	—	—	1
Schraubenfabriken	15	—	—	—	—	—
	144	20	23	4	2	5

Leider haben nicht alle Firmen das bei ihnen gebräuchliche System angegeben; aus der Antwort könnte man aber meist auf Verwendung von Whitworth-Gewinde schließen. Trotzdem zeigt die Statistik deutlich, deren Gesamtsumme man nicht ohne weiteres ziehen darf, weil das Löwenherz-Gewinde sich wieder bald mit Whitworth, bald mit S. J. paart, daß nicht einmal $^1/_7$ der deutschen Firmen, also kaum 14 vH, das S. J.-Gewinde benutzt, während es laut Antworten auf Frage 3 von mehr als 40 vH doch befürwortet wird.

Alle auf den Export angewiesenen Firmen, wie Werften, Lokomotiv- und Wagenfabriken, Schraubenfabriken vollständig, allgemeiner Maschinenbau, Werkzeugmaschinenbau und Elektrotechnik in überwiegender Zahl, sind dem alten Whitworth-Gewinde selbst aber treu geblieben.

Dem für Einführung des S. J.-Gewindes eingetretenen, antragstellenden Verein deutscher Werkzeugmaschinenfabriken wird das Ergebnis, insbesondere auch bei seinen eigenen Mitgliedern, 40 für Whitworth zu 8 für S. J.-Gewinde jedenfalls besonders interessant sein.

Frage 7. Haben Sie in Ihrem Betriebe Abnahmewerkzeuge für fertige Schrauben und Muttern?

Die Antwort lautet fast durchweg, daß Schrauben und Muttern durch einfaches Einschrauben in Kaliberring und Kaliberdorn und die Steigung durch Vergleich mit dem Gewindedorn oder dergl. untersucht wird (vergl. oben S. 18, Abb. 27 und 30).

Frage 8. Arbeiten Sie mit Abnahmetoleranzen, und auf welche Abmessungen der Schrauben und Muttern beziehen sich Ihre Vorschriften?

Nur ganz wenige, allererste Fabriken arbeiten mit Abnahmetoleranzen, um Austauschbarkeit zu erzielen. Ihre Verfahren sind in Abb. 31 bis 35 und Zahlentafel 9 bis 15 auf S. 20 bis 26 bereits oben mit allen dem Berichterstatter erreichbaren Ergänzungen zusammengestellt worden.

Frage 9. Welche Gründe würden für Sie bei der Wahl bezw. Beibehaltung des Gewindes als ausschlaggebend in Betracht kommen?

Die Gründe sollten nach 3 Gesichtspunkten, nämlich
    a) konstruktiv-theoretisch,
    b) betriebstechnisch,
    c) kommerziell
behandelt werden.

Die Antworten zu 9a und 9b sind, verarbeitet und ergänzt, an den Anfang, an den sie ja auch gehören, gestellt worden. Sie sind im Fragebogen nur aus taktischen Gründen an den Schluß gebracht, weil der Berichterstatter annahm, daß diese Fragen erst nach einer gewissen Einarbeitung in die Fragen 1 bis 8 und auch dann nur von erfahrenen Gewindepraktikern[1]) beantwortet werden würden.

Es bleibt noch das Ergebnis der Umfrage zu 9c — kommerzielle Gewinde — mitzuteilen.

Allgemein werden die Kosten für eine Umwandlung als sehr hoch eingeschätzt, jedoch erklärt eine Mehrheit die Vorteile der Vereinheitlichung für größer und schwerwiegender als die Umwandlungskosten. Einzelne nennen die herrschenden Zustände geradezu unerträglich, andere — wie die Werften und Lokomotiv- und Wagenfabriken einmütig, die mit dem Auslande verkehren — erklären eine Abkehr vom Whitworth-Gewinde überhaupt als unmöglich mit Rücksicht auf den Export und den Weltverkehr.

Ueber die Höhe der Kosten gehen die Ansichten äußerst weit auseinander. Eine große Fabrik der Feinmechanik schätzt die Umwandlungskosten auf rd. 25 000 ℳ, eine zufällig ebensogroße des Großmaschinenbaus gibt sie dagegen auf 300 000 ℳ an.

Die Ziffern 20 000 bis 25 000 ℳ sind bei mehreren Fabriken (zwischen 500 bis 4000 Arbeitern) so bis ins einzelne angegeben, daß man sie als ungefähr richtig ansehen darf. Sie verteilen sich auf

Arbeitsgewindelehren (bis 52 mm),
Normalgewindelehren,
Gewindeschneidbacken, Verwendung von Hand,
    »   »   » Maschine,
Schneideisen,
Gewindebohrer,
Gewindestähle und Strehler,
Gewindepatronen u. dergl.,
Umspannfutter mit Gewinde usw.,
besondere Gewinde-Werkzeuge.

Als weitere Hauptschwierigkeit wird die Notwendigkeit hervorgehoben, dauernd Ersatzteile — durchaus nicht bloß Schrauben — liefern zu müssen, wodurch die Uebergangszeit sehr stark verlängert wird und die Umwandlung selbst fast unmöglich erscheine.

Ausland.

Es besteht eine sehr umfangreiche Literatur in England und Amerika über den Kampf zwischen metrischem und zölligem Gewinde, der gegen eine starke Minorität vorläufig zugunsten der zölligen Systeme entschieden worden ist. Man konnte sich in beiden Ländern vor allem nicht dazu entschließen, den Zoll als Grundmaß durch das Meter zu ersetzen, und damit war auch die Gewindefrage entschieden. In England liegen die Beschlüsse, Abb. 1 und 2 und Zahlentafel 1, des »Engineering Standards Committee« vor, in dem vertreten sind:

---

[1]) Diese Annahme ist tatsächlich eingetroffen; den großen Werken, wie insbesondere Siemens & Halske, Siemens Schuckert-Werken, Ludw. Loewe, Carl Zeiß u. a. m. sei besonders gedankt.

The Institution of Civil Engineers,
» » » Mechanical Engineers,
» » » Naval Engineers,
The Iron and Steel Institute,
The Institution of Electrical Engineers,

das sind die wichtigsten und mächtigsten Vereinigungen.

Ein Briefwechsel mit dem National Physical Laboratory-Teddington zeitigte als wesentliches Ergebnis:

»Auch die einflußreichste internationale Versammlung, die ein anderes als das Whitworth-Gewinde mit Zollmaßen beschlösse, würde für England und seine Kolonien machtlos bleiben!«

Etwas entgegenkommender lautet die Antwort des Department of Commerce and Labor (Bureau of Standards), Washington, naturgemäß zugunsten des U. S. St. und seinen feineren Abarten (A. S. M. E. und S. A. E.). Hier ist wenigstens die Möglichkeit einer Vereinbarung offengelassen, falls ein Gewinde mit 60°-Winkel gewählt wird.

Als Literatur sei erwähnt:

Journal of the Franklin Institute, 1864; Report of Committee on Screws and Screw Threads. (Describes the U. S. Standard system.)

Transactions of the American Society of Mechanical Engineers Bd. 29 S. 91 1907; Standard Proportions for Machine Screws. (Report of Committee describing the A. S. M. E. Standard.)

Bulletin, American Institute of Mining Engineers; An article by Major William R. King criticising the U. S. Standard for some purposes.

Transactions of American Society of Mechanical Engineers Bd. 23 S. 603 1902; A Proposed Standard for Machine Screws, by C. C. Tyler.

Desgl. Bd. 24 S. 137 1902; Finer Screw Threads, by C. T. Porter.

Desgl. Bd. 30 S. 375 1908; A Comparison of Screw-Thread Standards, by Amasa Trowbridge.

Desgl. Bd. 34 S. 1035 July 1912; Taps and Screws, by F. O. Wells and H. E. Harris.

Schlußwort.

Was immer beschlossen werde, soviel ist sicher und geht aus den bekannt gegebenen Erfahrungen Englands über die Durchführung des Whitworth-Gewindes seit 1906 und Amerikas über U. S. St. seit 1907, ferner der Physikalisch-Technischen Reichsanstalt-Berlin über Löwenherz seit 20 Jahren hervor: Ordnung bekommt ein Land in sein oder seine Gewindesysteme nur durch eine systematische Ueberwachung der Meßverfahren. Die Grundlagen für die fabrikationsmäßige Herstellung stets gleicher und richtiger Gewinde müssen sein:

1) sorgfältige Herstellung der Normalien,
2) genaue Meßeinrichtungen zum Prüfen der Normalgewinde,
3) regelmäßige Kontrolle der in der Werkstatt im Umlauf befindlichen Gewindelehren in Zeitabschnitten, welche dem als noch zulässig ermittelten Abnutzungsgrad entsprechen.

Es würde schon ein außerordentlicher Vorteil für die deutsche Maschinenindustrie sein, wenn sie nur

die 29 Sorten S. J.-Gewinde,
» 27 » Whitworth-Gewinde,
» 18 » Löwenherz-Gewinde

mit etwa je 10[1]) Gewindebohrerwerkzeugen für einen Durchmesser hätte, also bei Vereinigung von S. J.- und L.-Gewinde höchstens $47 \times 10 = 470$ Gewindebohrer statt der jetzt als vorhanden nachgewiesenen 2831 verwilderten Bohrersorten, die zum größten Teil durch irgendwelchen Zufall entstanden sind und nun beibehalten werden.

---

[1]) **Höchstens werden gebraucht für jeden Durchmesser:** 3 **Handgewindebohrer,** 3 **zylindrische Grundbohrer,** 1 **kurzer Muttergewindebohrer,** 1 **langer Muttergewindebohrer,** 1 **Backen-Gewindebohrer für Kluppen,** 1 **Schneideisen-Gewindebohrer, das sind** 10 **Werkzeuge.**

Anhang.

Liste der Firmen, die den oben genannten Fragebogen beantwortet haben.

A

Alexanderwerk, Remscheid.
Alig & Baumgaertel, Aschaffenburg.
Allgemeine Elektricitäts-Gesellschaft, Berlin.
Auerbach & Co., Dresden.
Archimedes-Berlin, Breslau.

B

Badische Maschinenfabrik und Eisengießerei vorm. Sebold, Durlach.
Carl Bauer, Cronenberg.
Bauer & Schaurte, Neuß.
E. Becker, Reinickendorf.
Benz, Mannheim.
Bergische Werkzeugindustrie (Hentzen), Remscheid.
Bergmann Elektrizitätswerke A.-G., Berlin.
Berlin-Anhaltische Maschinenfabrik, Dessau.
Berninghaus, Duisburg.
Beth, Lübeck.
Blancke, Merseburg.
Bleichert, Leipzig-Gohlis.
Blohm & Voss, Hamburg.
Böhringer, Göppingen.
Borsig, Tegel.
Bosch, Stuttgart.
Breitung, Berlin.
Briegleb Hansen u. Co., Gotha.
Brown, Boveri & Cie., Baden.
Gebr. Burgdorf, Altona.
Butzke, Berlin.

C

Carl, Oberweimar.
Carlshütte, Altwasser.
Christoph, Niesky.
Collet & Engelhard, Offenbach.

D

De Fries, Düsseldorf.
Heinrich De Fries G. m. b. H., Düsseldorf.
Dehne, Halle a/S.
Deutsch-Luxemburgische Bergwerks- u. Hütten-A.-G., Mühlheim.
Dresdner Maschinenfabrik und Schiffswerft, Uebigau.
Deutsche Nileswerke, Oberschöneweide.
Deutsche Waffen- u. Munitionsfabriken, Berlin-Wittenau.
Dicker & Werneburg, Halle a/S.
Droop & Rein, Bielefeld.

E

Eisenwerk, Nürnberg.
Erk, Ruhla.
Ernecke, Berlin-Tempelhof.
Escher Wyß, Ravensburg.

F

Fein, Stuttgart.
Felten & Guilleaume, Carlswerk.
Firchow, Berlin.
Fischer (Apparatebauanstalt), Frankfurt-Oberrad.
Fischer & Wünsch, Dresden.
Fitzner, Laurahütte.
Fleck (Berliner Präzision), Berlin.
Fleck (Holzbearbeitung), Berlin.
Flohr, Berlin.
Fouqué & Frautz, Rottenburg.
Framag, Großenhain.
Frölich & Klüpfel, Unterbarmen.
Fuess, Steglitz.
Fürstlich Hohenzollernsche Hüttenwerke, Laucherthal.
Funcke & Hueck, Hagen.

G

Garbe, Lahmeyer & Co., Aachen.
Ganz & Co., Ratibor.
Garvenswerke, Hannover.
Gasmotorenfabrik, Deutz.
General Composing, Berlin.
Gesellschaft für Hochdruckleitungen, Berlin.
Gutehoffnungshütte, Oberhausen.
Gutmann, Altona.

H

Hahnsche Werke, A.-G., Berlin.
Haniel & Lueg, Düsseldorf-Grafenberg.
Hannoversche Maschinenbau-A.-G., Hannover-Linden.
Hasenclever, Düsseldorf.
Max Hasse, Berlin.
Hasse & Wrede, Berlin.
Hartmann & Braun, Frankfurt a/M.
Rich. Hartmann, Chemnitz.
Hauboldt, Chemnitz.
Heidenreich & Harbeck, Hamburg.
Hein, Lehmann & Co., Berlin.
Gebr. Heinemann, St. Georgen.
Heymer & Pilz, Meuselwitz.
Gebr. Heyne, Offenbach.

Hohenzollern, A.-G. für Lokomotivbau, Düsseldorf-Grafenberg.
Theodor Horn, Leipzig.
Howaltswerke, Kiel.
Humboldt, Kalk bei Köln a/Rh.
Hürxthal, Remscheid.

I
Isaria Zählerwerke, München.

J
C. H. Jäger, Leipzig.
O. & H. Jäger, Schwabach.
Jünkerather Gewerkschaft, Jünkerath.
Junghans, Schramberg.

K
Karcher, Beckingen.
Karlshammer, Braunschweig.
Kalker Werkzeugmaschinenfabrik, Kalk.
Keiser & Schmidt, Berlin.
Kircheis, Aue.
Kirsch, Aschaffenburg.
Klein, Schanzlin & Becker, Frankenthal.
Körting, Hannover.
Körting & Mathhissen, Leutzsch.
Kohl, Chemnitz.
Ernst Kraus & Co., Wien.
Friedr. Krupp A.-G., Germaniawerft, Kiel.
Kühnle, Kopp & Kausch, Frankenthal.

L
Land- und Seekabelwerke, Köln-Nippes.
Heinrich Lanz, Mannheim.
Leipziger Werkzeugmaschinenfabrik, Leipzig.
Linke-Hofmann-Werke, Breslau.
Ludwig Loewe, Berlin.
Lorenz, Ettlingen.
Losenhausen, Düsseldorf.
Lübecker Maschinenbau-A.-G., Lübeck.
Luther, Braunschweig.

M
J. A. Maffei, München.
Magdeburger Werkzeugmaschinenfabrik, Magdeburg.
Maihak, Hamburg.
Mannesmannröhrenwerke, Düsseldorf.
Mannstädt, Köln-Kalk.
Maschinenfabrik Augsburg-Nürnberg, Werk Nürnberg.
» Augsburg-Nürnberg, Werk Augsburg.
» Balcke, Frankenthal.
» Beck & Henckel, Kassel.
» Buckau, Magdeburg.
» Germania, Chemnitz.
» Hübener & Meyer, Wien.
» Paucksch, Landsberg a/W.
Mayer & Schmidt, Offenbach.
Metz, Karlsruhe.
Rud. Otto Meyer, Berlin.
Mix & Genest, Berlin.

N
Norma-Kompagnie, Cannstatt.

O
Oecking, Düsseldorf.
Offenbacher Schraubenindustrie, Mülheim.
Orenstein & Koppel, Berlin.

P
Paff & Schlauder, Schramberg.
Peerboom & Schürmann, Düsseldorf.
Pels, Erfurt-Ilversgehofen.
Phoenizia, Elsterwerda.
Julius Pintsch, Berlin.
Poensgen, Köln.
Pokorny & Wittekind, Frankfurt a/M.
Polysius, Dessau.

R
Reichelt, Finsterwalde.
Reinecker, Chemnitz.
Reißhauer, Zürich (Hammel).
Cl. Riefler, Nesselwang.
Riehm & Söhne, Berlin.
Rittershaus & Blecher, Barmen.

S
Sauter & Messner, Aschaffenburg.
Schenk, Darmstadt.
Schichau, Elbing.
Schieß, Düsseldorf.
Schlenker & Kienzle, Schwenningen.
Friedr. Schmaltz, Offenbach.
Gebr. Schmaltz, Offenbach.
Schmidt & Haensch, Berlin.
Schöning, Berlin.
Schubert & Salzer, Chemnitz.
Schuhmacher, Luckenwalde.
Schuler, Göppingen.
Schumann, Düsseldorf.
Schönbuth, Stuttgart-Cannstatt.
Schorch, Rheydt.
Schwartzkopff, Reinickendorf.
Franz Seiffert & Co., Eisenspalterei, Wolfswinkel.
Siemens & Halske, Wernerwerk, Nonnendamm.
Siemens Schuckert-Werke, Berlin.
Eugen Simon, Berlin.
Steinle & Hartung, Quedlinburg.
Ad. Steiner, Berlin.
Stelzner, Berlin.
Sudicatis, Berlin.
Sürther Maschinenfabrik, Sürth.
Gebr. Sulzer, Winterthur.

T
Talbot, Aachen.
Thyssen, Mülheim.
Tiegler, Duisburg.

U
Ulmann, Bamberg.

V
Verband Deutscher Zentralheizungsindustrieller, Berlin.
Vogel & Schemmann, Kabel.
Voigt & Heffner, Frankfurt.
J. M. Voith, Heidenheim.
Vulkan, Maschinenfabrik, Wien.
Vulkan-Werke, Hamburg.

W

Richard Weber, Berlin.
Wells Brothers Company, Greenfield, Mass.
Werdauer Meßwerkzeugfabrik, Werdau.
Werkzeugmaschinenfabrik Union, Chemnitz.
Act.-Ges. Weser, Bremen.
Gebr. Wetzel, Leipzig.

R. Wolf, Magdeburg.
Wülfel, Wülfel.

Z

Carl Zeiss, Jena.
Zwickauer Maschinenfabrik, Zwickau, Sa.
Zwietusch & Co., Berlin.

MIX
Papier aus verantwortungsvollen Quellen
Paper from responsible sources
FSC® C105338

If you have any concerns about our products,
you can contact us on
ProductSafety@springernature.com

In case Publisher is established outside the EU,
the EU authorized representative is:
**Springer Nature Customer Service Center GmbH
Europaplatz 3, 69115 Heidelberg, Germany**

Printed by Libri Plureos GmbH
in Hamburg, Germany